Bezugsbedingungen:

Preis des Heftes 1 bis 112 je 1 Mk,
zu beziehen durch Julius Springer, Berlin W. 9, Linkstr. 23/24;
für Lehrer und Schüler technischer Schulen 50 Pfg,
zu beziehen gegen Voreinsendung des Betrages vom Verein deutscher Ingenieure, Berlin N.W. 7,
Charlottenstraße 43.
Von Heft 113 an sind die Preise entsprechend auf 2 $\mathcal{M}$ und 1 $\mathcal{M}$ erhöht.

Eine Zusammenstellung des Inhaltes der Hefte 1 bis 124 der Mitteilungen über Forschungsarbeiten zugleich mit einem Namen- und Sachverzeichnis wird auf Wunsch kostenfrei von der Redaktion der Zeitschrift des Vereines deutscher Ingenieure, Berlin N.W., Charlottenstr. 43, abgegeben.

Heft 125: **Wild**, Die Ursache der zusätzlichen Eisenverluste in umlaufenden glatten Ringankern. Beitrag zur Frage der drehenden Hysterese.

Heft 126: **Preuß**, Versuche über die Spannungsverminderung durch die Ausrundung scharfer Ecken.

Preuß, Versuche über die Spannungsverteilung in Kranhaken.

Preuß, Versuche über die Spannungsverteilung in gelochten Zugstäben.

Heft 127 und 128: **Schöttler**, Biegungsversuche mit gußeisernen Stäben.

Heft 129: **Gramberg**, Wirkungsweise u. Berechnung der Windkessel von Kolbenpumpen.

Heft 130: **Gröber**, Der Wärmeübergang von strömender Luft an Rohrwandungen.

Poensgen, Ein technisches Verfahren zur Ermittlung der Wärmeleitfähigkeit plattenförmiger Stoffe.

Mitteilungen

über

Forschungsarbeiten

auf dem Gebiete des Ingenieurwesens

insbesondere aus den Laboratorien
der technischen Hochschulen

herausgegeben vom

Verein deutscher Ingenieure.

Heft 131.

Springer-Verlag Berlin Heidelberg GmbH

Additional material to this book can be downloaded from http://extras.springer.com.

ISBN 978-3-662-01944-3   ISBN 978-3-662-02239-9 (eBook)
DOI 10.1007/978-3-662-02239-9

Inhalt.

Das Aehnlichkeitsgesetz bei Reibungsvorgängen in Flüssigkeiten.

Von **H. Blasius,** Hamburg.

Ueber den Gültigkeitsbereich der beiden Aehnlichkeitsgesetze in der Hydraulik.

1) Ansätze der Hydraulik.

Bei den meisten Interpolationsformeln der Hydraulik, die die Druckverteilung in bewegtem Wasser betreffen, wählt man als ersten Ansatz die Proportionalität der Druckhöhe $h = \dfrac{p}{\gamma}$ zur Geschwindigkeitshöhe $p = c\,\gamma\,\dfrac{v^2}{2g}$:

$$h = c\,\frac{v^2}{2g}$$

$$\text{oder} \quad \text{Kraft} = \int p \times \text{Fläche} = k\,\gamma\,F\,\frac{v^2}{2g},$$

wobei p, v, h, F die bei der betreffenden Anordnung vorkommenden Drücke, Geschwindigkeiten, Druckhöhen und Flächen sind.

Man geht dabei von der Ueberlegung aus, daß die Trägheitskräfte im Beharrungszustand der Masse $\dfrac{\gamma}{g}$ und dem Quadrat der Geschwindigkeit proportional sind; denn die Beschleunigungen als Geschwindigkeitsunterschiede in der Zeiteinheit sind den Geschwindigkeiten direkt und der Zeit, in der die Teilchen die örtlich vorhandenen Geschwindigkeitswerte durchlaufen, umgekehrt proportional; diese Zeit selbst ist aber wieder der Geschwindigkeit umgekehrt proportional. Das Bestehen der obigen Gesetzmäßigkeit hat dann zur Folge, daß man aus einer Messung, Eichung, die Konstante c bestimmen kann und daß man damit die Drücke und Kräfte für beliebige Geschwindigkeiten kennt.

In solchen Fällen ferner, wo bei ähnlichen Körpern auch ähnliche Stromlinienbilder entstehen, sind an entsprechenden Stellen die Geschwindigkeitsverhältnisse und damit auch die Druckverteilung bei gleichen Geschwindigkeiten gleich. Hier wird dann der Beiwert c für ähnliche Körper den gleichen Wert haben und damit durch eine Eichung für alle Abmessungen und für alle Geschwindigkeiten bestimmt sein.

Selbst beim Druckverlust in Rohren (p Druckverlust, l Länge, d Durchmesser, v Geschwindigkeit) macht man den Ansatz

$$p = \lambda\,\gamma\,\frac{l}{d}\,\frac{v^2}{2g},$$

obwohl es sich ja hier um das Gleichgewicht zwischen Druck und Reibung und wenigstens äußerlich nicht um eine Beschleunigung handelt. Aber man hat von dem Vorgang bei turbulenter Strömung, für die das Gesetz gelten soll, die Vorstellung, daß es sich um unregelmäßig wirbelnde Strömung handelt, wo das Druckgefälle zunächst doch Beschleunigung der Wasserteilchen zur Folge hat, die sich erst am Rande in einer dünnen Grenzschicht durch Reibung wieder verzögern. Daher steht auch der Durchmesser d im Nenner obiger Formel, da die Kraft des Druckgefälles dem Querschnitt, die Reibungskraft dem Umfang proportional sein dürfte.

Die Abweichungen von diesen einfachen Grundvorstellungen bringen es nun mit sich, daß diese Größen c, k und λ doch keine Konstanten sind, sondern sich bei der Eichung wieder als Funktionen von v und d ergeben. Dies wäre natürlich ein Grund, die obigen Interpolationsformeln zu verwerfen und durch andere zu ersetzen; aber die Tatsache, daß c, k und λ meist wenig veränderlich mit den Längen und Geschwindigkeiten sind, gibt Anlaß, obige Form bestehen zu lassen und sie durch nähere Bestimmung der c, k und λ zu ergänzen. Von den hierbei vorkommenden Gesetzmäßigkeiten handeln die Aehnlichkeitsgesetze.

2) Die Aehnlichkeit bei Wellenvorgängen.

Die Aehnlichkeit der Stromlinien bei ähnlichen Körpern bleibt nicht gewahrt, wenn das Wasser, in dem der Körper, z. B. ein Schiff, mit der Geschwindigkeit v fährt, eine freie Oberfläche besitzt, auf der Wellen entstehen. Nur wenn sich mit den Abmessungen des Schiffes auch die Wellenlängen und Wellenhöhen vergrößern, kann Aehnlichkeit der Stromlinien, Aehnlichkeit der Druckverteilung und Gleichheit der Beiwerte c und k vorhanden sein. Dies tritt ein, wenn die Geschwindigkeitshöhe im Längenmaßstabe, die Geschwindigkeit selbst im Maßstabe der Wurzel aus den Längen wächst.

Ob diese notwendige Bedingung auch hinreicht, erfährt man aus der allgemeinen Ueberlegung, daß an jedem Raumelement des Wassers drei Kräfte im Gleichgewicht stehen müssen: die Trägheit, das Druckgefälle und die Schwerkraft. Denkt man sich bei zwei ähnlichen Körpern die gesamte Druck- und Geschwindigkeitsverteilung als Funktion der Koordinaten x, y, z dargestellt, so werden die Kräfte in den Eulerschen Grundgleichungen (Hütte, XXI. Aufl. Bd. 1 S. 268) der Hydrodynamik in folgender Weise aus diesen Funktionen berechnet: Wenn u die x-Komponente der Geschwindigkeit bedeutet, so ist die Trägheit der Raumeinheit:

$$\frac{\gamma}{g}\, u\, \frac{\partial u}{\partial x},$$

wozu noch zwei ähnliche Glieder treten, wenn die Stromlinie schief zur x-Achse verläuft. Das Druckgefälle ist

$$-\frac{\partial p}{\partial x}$$

und die Schwerkraft

$$\gamma.$$

Sind nun bei dem größeren Körper alle Längenabmessungen, insbesondere die Koordinaten, im Verhältnis f_l, die Geschwindigkeiten und Drücke im Verhältnis f_v und f_p vergrößert, so wachsen die drei Kräfte in den Verhältnissen:

$$\frac{f_v^2}{f_l} \qquad \frac{f_p}{f_l} \qquad 1.$$

Ist nun beim kleineren Körper Gleichgewicht vorhanden, so wird die Eulersche Gleichung nur dann auch bei dem größeren bestehen bleiben, wenn ihre drei Glieder sich im gleichen Verhältnis ändern, wenn also

$$\frac{f_v{}^2}{f_l} = \frac{f_p}{f_l} = \mathrm{I}$$

ist. Unter diesen Bedingungen ist in beiden Fällen das Kräftegleichgewicht an jedem Raumelement bei ähnlichen Geschwindigkeitsverteilungen vorhanden.

Auch die Kontinuitätsbedingung ist hierbei nicht gestört, und da dies unter den gemachten Voraussetzungen alle Gleichungen sind, denen der Vorgang genügen muß, so sind die Bedingungen:

$$f_v = \sqrt{f_l}$$
$$f_p = f_l = f_v{}^2$$

notwendig und hinreichend dafür, daß die Stromlinien ähnlich sind. Von diesen Formeln gibt die erste die Beziehung zwischen den unabhängig Veränderlichen v und l, während die zweite aussagt, daß die unter ähnlichen Verhältnissen gemessenen Drücke dem Quadrat der Geschwindigkeit proportional sind.

3) Folgerungen für das Gesetz der Beiwerte.

Diese zweite Aussage gilt aber nur gleichzeitig mit der ersten: nur wenn $f_v = \sqrt{f_l}$ ist, ist das Verhältnis $p : v^2$ unveränderlich. Diese Einschränkung kann man auch so ausdrücken, daß der Beiwert k für ähnliche Schiffe nur Funktion von $\frac{v^2}{l}$ ist, wenn v die Schiffsgeschwindigkeit und l die Länge oder Breite oder sonst ein Längenmaß am Schiff ist; man schreibt dies:

$$k = k\left(\frac{v^2}{l}\right), \qquad k \text{ Funktion von } \frac{v^2}{l},$$

denn $\frac{v^2}{l}$ bleibt ungeändert, $\frac{v_1{}^2}{l_1} = \frac{v_2{}^2}{l_2}$, wenn $f_v = \sqrt{f_l}$ ist.

Wenn man aus Rücksicht auf die Unabhängigkeit vom Maßsystem nur dimensionslose Größen einführen will, so schreibe man für $\frac{v^2}{l}$ das Verhältnis der Geschwindigkeitshöhe zur Länge (oder anderen Längengrößen) also:

$$k = k\left(\frac{v^2}{2gl}\right), \qquad k \text{ Funktion von } \frac{v^2}{2gl}.$$

Dies ist auch genauer, da man hierbei auch die Möglichkeit verschiedener g-Werte, die praktisch allerdings nicht in Betracht kommt, berücksichtigt. Wenn man nämlich bei obigem Vergleich auch γ und g veränderlich denkt, also etwa zwischen Wasser ($\gamma = \mathrm{I}$) und Quecksilber ($\gamma = 13,6$) vergleichen will, so muß man dies durch Faktoren f_γ und f_g zum Ausdruck bringen. Die Gleichsetzung der Vergrößerungsverhältnisse der Kräfte (s. Absatz 2) bringt dann die Gleichungen:

$$\frac{f_\gamma f_v{}^2}{f_g f_l} = \frac{f_p}{f_l} = f_\gamma$$

und hieraus:

$$f_v = \sqrt{f_g f_l}$$

und

$$f_p = \frac{f_\gamma}{f_g} f_v{}^2 = f_\gamma f_l\,.$$

Aus der ersten Gleichung zwischen den unabhängig Veränderlichen ergibt sich dann die Konstanz von $\frac{v^2}{2gl}$ als Merkmal der Aehnlichkeit; die zweite zeigt, daß p alsdann zu $\frac{\gamma}{g} v^2$ proportional wird. Der Faktor 2 im Nenner von $\frac{\gamma v^2}{2g}$ bezw. $\frac{v^2}{2gl}$ ist willkürlich. Es stört die Proportionalität nicht, ob man ihn zusetzt oder fortläßt. Man schreibt ihn gewöhnlich hin, weil $\frac{v^2}{2g}$ ein allgemein geläufiger Begriff ist. Es ist also das Verhältnis

$$p : \frac{\gamma v^2}{2g} = c$$

unveränderlich, wenn $\frac{v^2}{2gl}$ unveränderlich ist, also

$$c = c\left(\frac{v^2}{2gl}\right); \quad c \text{ Funktion von } \frac{v^2}{2gl}.$$

Für die Kräfte wird dann:

$$K = k\left(\frac{v^2}{2gl}\right)\frac{\gamma F v^2}{2g},$$

so daß also unter ähnlichen Verhältnissen, d. h. unveränderlichem $\frac{v^2}{2gl}$ und unveränderlichem k, die Kräfte proportional der dritten Potenz der Längen werden.

4) Die Form des Reibungsgesetzes.

Ich habe das Aehnlichkeitsgesetz bei Vorgängen unter Einwirkung der Schwerkraft hier nochmals so ausführlich dargestellt, weil die Ableitung dieses Gesetzes aus den Dimensionen der Glieder in den Differentialgleichungen ein allgemeines Verfahren ist. Wir wollen dieses Verfahren nunmehr anwenden auf den Fall, daß die Schwere ausgeschlossen ist und die Zähigkeit des Wassers in Betracht kommt.

Bei Strömung in parallelen Stromlinien setzt man die Schubspannung τ der Reibung proportional zum Geschwindigkeitsgefälle senkrecht zu den Stromlinien, d. h. proportional zum Unterschied derjenigen Werte u der x-Komponente, die man mißt, wenn man in der senkrechten Richtung (y) um die Längeneinheit fortschreitet:

$$\tau_{xy} = \mu \frac{\partial u}{\partial y}.$$

Also die Kraft, die in Richtung der x-Koordinate auf die Raumeinheit wirkt[1]):

$$\frac{\partial \tau_{xy}}{\partial y} = \mu \frac{\partial^2 u}{\partial y^2}.$$

Dies Gesetz ist bestätigt für den Druckverlust bei Strömungen geringer Geschwindigkeit in Rohren und liefert dort die Formel für den Druckverlust:

$$p = \gamma h = 32\, \mu l\, \frac{v}{d^2},$$

wenn v die mittlere Geschwindigkeit ist.

Statt der Stoffkonstanten μ führt man auch häufig den »kinematischen Reibungskoeffizienten« $\nu = \frac{g\mu}{\gamma}$ ein, da es bei Vorgängen, bei denen nur Trägheit

---

[1]) Hierzu treten noch Glieder derselben Dimension für die anderen Koordinaten, die ich aber unterdrücke, da es nur darauf ankommt, den Typus des Reibungsgliedes hinzustellen.

und Reibung eine Rolle spielen, nur auf das Verhältnis von μ zur Masse ankommt. ν hat die Dimension $\frac{\text{Länge}^2}{\text{Zeit}}$ und ist in hohem Maße abhängig von der Temperatur. In Abb. 1 S. 35, ist ν für Wasser, Luft und Rüböl als Funktion der Temperatur aufgetragen, und zwar in cm²/sk. Will man in Metern rechnen, so ist mit $^1/_{10000}$ zu multiplizieren. Es ist also bei 15° C für Wasser: $\nu = 0{,}0115$ cm²/sk $= 1{,}15 \cdot 10^{-6}$ m²/sk. Die Auftragung für Luft gilt bei einem Druck von 1 kg/cm² $= 735$ mm Hg. Für Luft unter anderen Drücken ist ν umgekehrt proportional dem Druck, $-\mu = \frac{\gamma\,\nu}{g}$ ist bei gleicher Temperatur vom Druck unabhängig. Es ist also bei 15° C für Luft unter 1 at Druck: $\nu = 0{,}156$ cm²/sk; bei 2 at: $\nu = 0{,}078$ cm²/sk.

Für größere Geschwindigkeiten oberhalb der Reynoldsschen kritischen Grenze ist der Druckverlust ungefähr dem Quadrat der Geschwindigkeit proportional, und man könnte daraus schließen, daß das einfache Proportionalitätsgesetz für τ_{xy} nicht mehr gilt. Man kann aber auch, in Uebereinstimmung mit dem in Absatz 1) Gesagten, annehmen, daß die Aenderung des Gesetzes nur in der unregelmäßigen beschleunigten und verzögerten Stromverteilung ihren Grund hat, während in den kleinsten Teilen obiges Gesetz bestehen bleibt. Gestützt wird diese Ansicht durch die Ueberlegung, daß die Grenze des Gültigkeitsbereiches bei einer bestimmten Neigung $\frac{\partial u}{\partial y}$ des Geschwindigkeitsprofils liegen müßte, während tatsächlich in engen Rohren viel schärfere Geschwindigkeitsunterschiede im Beharrungszustand verbleiben (laminare Strömung), als in weiteren. Die kritische Geschwindigkeit, bei der die Strömung turbulent wird, d. h. zeitlich veränderlich, um Mittelwerte von u schwankend, ist nämlich dem Durchmesser umgekehrt proportional. Wir bleiben also bei obigem Ansatz und bemerken, daß eine Bestätigung des daraus abzuleitenden Aehnlichkeitsgesetzes zugleich eine Bestätigung der hier ausgesprochenen Annahme sein wird.

5) Das Aehnlichkeitsgesetz bei Reibungsvorgängen.

Bei Vorgängen, die nur unter dem Einfluß der Trägheit und Reibung verlaufen, können wir nun nach demselben Verfahren wie oben bei Schwerkraftvorgängen ein anderes Aehnlichkeitsgesetz ableiten, welches bereits von Reynolds[1]) aufgestellt wurde, das aber in die einschlägigen Gebiete der Ingenieurwissenschaften bis heute noch nicht eingedrungen ist. Es findet sich auch[1]) bei Helmholtz und Lanchester, allerdings beschränkt auf Potenzgesetze.

Die Trägheitskräfte, die in den Eulerschen Gleichungen (Hütte, XXI. Aufl. Bd. 1 S. 268) vorkommen, sind vom Typus

$$\frac{\gamma}{g}\,u\,\frac{\partial u}{\partial x},$$

das Gefälle der Druckhöhe

$$\gamma\,\frac{\partial h}{\partial x},$$

die Reibungskraft vom Typus

$$\frac{\gamma}{g}\,\nu\,\frac{\partial^2 u}{\partial y^2}.$$

---

[1]) Phil. Transact. of the Royal Soc. of London, Bd. 174 (1883) S. 938 und 973 u. f. Helmholtz ges. Werke Bd. I S. 158. Lanchester, Aerodynamik S. 44 (deutsch von C. A. Runge, Verlag Teubner).

Die Geschwindigkeitskomponenten u, v, w und die Druckhöhe h sind dabei als Funktionen der Koordinaten x, y, z gedacht. Wir nehmen nun an, daß wir — durch Eichung am Modell — einen Vorgang (Index 1) kennen, bei dem diese 3 Kräfte gemäß den Eulerschen Gleichungen im Gleichgewicht sind, und wir gehen nun zum ähnlichen Vorgang (Index 2) über, indem wir alle Längen, also besonders die Koordinaten, im Verhältnis $\frac{l_2}{l_1} = f_l$ vergrößern und ebenso die auf ähnliche Koordinatensysteme bezogenen Geschwindigkeiten und Druckhöhen im Verhältnis f_v bezw. f_h ändern. Bei einer Aenderung der Konstanten γ, g, r, also beim Uebergang zu anderen Flüssigkeiten, sind die Vergrößerungsverhältnisse $f_\gamma = \frac{\gamma_2}{\gamma_1}$, ebenso f_g und f_ν zu berücksichtigen. Dann ändern sich die oben aufgezählten Kräfte in den Verhältnissen

$$\frac{f_\gamma f_v^2}{f_g f_l} \qquad\qquad \frac{f_\gamma f_h}{f_l} \qquad\qquad \frac{f_\gamma f_\nu f_v}{f_g f_l^2}.$$

Nun bleibt das Gleichgewicht zwischen den Kräften beim Vorgang 2 nur dann gewahrt, wenn sich alle Kräfte im gleichen Verhältnis geändert haben. Die Gleichsetzung der drei Verhältnisse ergibt vereinfacht:

$$\frac{f_v f_l}{f_\nu} = 1 \qquad\qquad f_h = \frac{f_v^2}{f_g}.$$

Aus der ersten Gleichung folgt, daß die Vorgänge nur dann ähnlich sind, wenn $\frac{vl}{\nu}$ bei den verglichenen Vorgängen denselben Wert hat, denn $\frac{f_v f_l}{f_\nu} = 1$ ist dasselbe wie

$$\frac{r_1 l_1}{\nu_1} = \frac{r_2 l_2}{\nu_2},$$

und aus der zweiten Gleichung ist abzulesen, daß in diesem Falle auch das Verhältnis $h : \frac{v^2}{2g}$ dasselbe ist. Die Konstanten $c = \frac{2gh}{v^2}$ und k (vergl. Absatz 1) sind also nur dann wirklich unveränderlich, wenn die Geschwindigkeiten und Längen bei den verglichenen Vorgängen dasselbe Produkt $\frac{vl}{\nu}$ ergeben, mit anderen Worten:

$$c = \frac{2gh}{v^2} \text{ ist Funktion von } \frac{vl}{\nu},$$

geschrieben: $c = c\left(\frac{vl}{\nu}\right)$, ebenso: $k = k\left(\frac{vl}{\nu}\right)$.

Hierbei ist l irgend ein passendes, für den Maßstab der Anordnung charakteristisches Längenmaß.

6) Ergänzungen zum obigen Beweis.

Wir haben noch anzumerken, daß bei dem oben gedachten Uebergang zum ähnlichen Vorgang sowohl die Kontinuitätsgleichung wie die Grenzbedingungen erfüllt bleiben, wenn man als Grenzbedingung das Haften der Flüssigkeit an den Wandungen einführt. — Ferner ist zu betonen, daß die Vergrößerung im Verhältnis f_l alle Längen betrifft. Neben der soeben festgestellten Abhängigkeit von $\frac{vl}{\nu}$ bleiben die Koeffizienten c und k also noch von der Form der Anordnung abhängig, d. h. bei zwei oder mehreren unabhängigen Längengrößen vom Verhältnis dieser Längen. In den Ausdruck $\frac{vl}{\nu}$ tritt dabei irgendeine passend gewählte Länge ein.

Wichtig ist auch die Bemerkung, daß sowohl c und k wie $\frac{vl}{\nu}$ dimensionslose Größen sind. Das Ergebnis physikalischer Ueberlegungen, wie der obigen Aehnlichkeitsbetrachtungen, liefert stets Gleichungen zwischen dimensionslosen Größen, und auch abgesehen von dieser grundsätzlichen Bemerkung ist es zweckmäßig[1]), in die Interpolationsformeln Beiwerteeinzuführen, die nicht vom Maßsystem abhängen, die in engl. Fuß dieselben Werte haben wie im Metermaß. Schon aus diesem Grunde ist das in Absatz 1) empfohlene Festhalten an der Form der Interpolationsformeln notwendig, im Gegensatz zu den Formen mv^n. Es ist dabei natürlich nicht ausgeschlossen, daß c durch eine derartige Potenz von $\frac{vl}{\nu}$ interpoliert wird, daß h im ganzen irgend einer unrunden Potenz n von v proportional wird. Dann werden aber stets gleichzeitig derartige Potenzen von d und ν auftreten, daß der gesamte Ausdruck für h wieder die richtige Dimension erhält. Eine Abweichung vom v^2-Gesetz ist danach stets ein Zeichen, daß auch ν in die Formel hineingehört.

In etwas anderer Form ist das Gesetz bei Nusselt[2]) dargestellt: Es sind dort die vollständigen Eulerschen Gleichungen hingeschrieben, während hier der Uebersichtlichkeit wegen nur typische Glieder herausgegriffen sind. Dagegen leitet Nusselt das Gesetz nur für den Fall des Potenzansatzes

$$c = a \left(\frac{vl}{\nu}\right)^n$$

ab, eine Einschränkung der Funktionsform, die durchaus nicht im Wesen der Sache liegt; vielmehr sagt das Reynoldssche Gesetz über die Form der Abhängigkeit $c\left(\frac{vl}{\nu}\right)$ gar nichts aus.

7) Allgemeines über die Anwendungen.

Vorgänge, bei denen dieses Gesetz in Kraft tritt, sind der Druckverlust in Rohren, die Oberflächenreibung an Platten sowie die Drücke und Kräfte, die eingetauchte Körper in tiefem Wasser ohne freie Oberfläche erfahren. Letzteres trifft also besonders beim Widerstand von Ballonkörpern in Luft zu. Denn die Ausdehnung des Kielwassers, die Lage seiner Ablösungsstelle und die Drücke in demselben sind nur bestimmt durch die Reibungskräfte und die Trägheit. Bei allen diesen Vorgängen sind die Beiwerte der hydraulischen Formeln Funktionen der Reynoldsschen Zahl $\frac{vl}{\nu}$. Daraus, daß die Gleichheit des Produktes $\frac{vl}{\nu}$ für die Aehnlichkeit der Vorgänge und die Gleichheit der Beiwerte maßgebend ist, folgt, daß bei Modellversuchen die korrespondierenden Geschwindigkeiten im umgekehrten Verhältnis der Längen zu wählen sind: Sind die Abmessungen des Modells $1/10$ der Wirklichkeit, so muß man die Geschwindigkeiten beim Modell aufs 10-fache der in Wirklichkeit vorhandenen Geschwindigkeiten steigern, während sie beim Studium von Schwerkraftvorgängen im Verhältnis $\frac{1}{\sqrt{10}}$ herabgesetzt werden konnten. Der Beiwert ν im Nenner der Zahl $\frac{vl}{\nu}$ enthält

---

[1]) Vergl. die Ausführungen von Prandtl in Zeitschr. f. Flugtechnik u. Motorluftschiffahrt 1910 Heft 13 S. 157, wo das Aehnlichkeitsgesetz gerade aus der Forderung abgeleitet ist, daß nur dimensionslose Größen in den Gleichungen vorkommen.

[2]) Mitteilungen über Forschungsarbeiten Heft 89.

den Einfluß der Temperatur und wird auch dann für die Berechnung der korrespondierenden Geschwindigkeiten wesentlich, wenn man den Modellversuch mit anderen Flüssigkeiten anstellt. Wenn man z. B. bei Luft von der Zusammendrückbarkeit absieht, die erst bei hohen Geschwindigkeiten in Frage kommt, so unterscheidet sie sich vom Wasser nur durch das spezifische Gewicht und die Zähigkeit, unterliegt also den hier ausgeführten Aehnlichkeitsbetrachtungen. Bei Flüssigkeiten, bei denen ν kleine Werte hat, erreicht man schon bei geringeren Geschwindigkeiten bezw. geringerem Maßstab hohe Reynoldssche Zahlen. Diese Ueberlegung läßt es als vorteilhaft erscheinen, Modellversuche für Luftschiffe in Wasser vorzunehmen, da ν für Wasser nur $^1/_{10}$ bis $^1/_{20}$ von dem für Luft ist (vergl. Abb. 1). Flüssigkeiten mit noch geringerem ν, die also für Modellversuche bei Reibungsvorgängen besonders vorteilhaft sind, sind Quecksilber, Schwefelkohlenstoff, Aether, Methylalkohol[1].

Wenn man in gleicher Flüssigkeit Modellversuche nach diesem Aehnlichkeitsgesetz anstellt, so mißt man Kräfte von derselben Größe wie in Wirklichkeit, denn es ist

$$K = k\,\gamma\,F\,\frac{v^2}{2\,g},$$

und da sich v umgekehrt proportional den Längen ändern soll, so erhält Fv^2 denselben Wert im Modell wie in der Wirklichkeit. Schon dieser Umstand macht Modellversuche in gleicher Flüssigkeit unmöglich. Geht man dagegen zu anderer Flüssigkeit über, so ist

$$f_K = \frac{f_\gamma\,f_l^2\,f_v^2}{f_g}$$

und

$$\frac{f_v\,f_l}{f_\nu} = 1$$

zu setzen, woraus durch Elimination von f_v folgt:

$$f_K = \frac{f_\gamma\,f_\nu^2}{f_g}$$

oder ohne Rücksicht auf f_g:

$$\frac{K_2}{K_1} = \frac{\gamma_2\,\nu_2^2}{\gamma_1\,\nu_1^2}.$$

Der Kraftmaßstab ist also gleich dem Verhältnis der spezifischen Gewichte, multipliziert mit dem Quadrat des Verhältnisses der Reibungszahlen.

Für Vorgänge, bei denen sowohl Schwerkraft wie Reibung eine Rolle spielen, gilt bei gleicher Flüssigkeit überhaupt kein Aehnlichkeitsgesetz, da in solchem Falle sowohl $\dfrac{v^2}{2\,g\,l}$ wie $\dfrac{v\,l}{\nu}$ bei Modell und Wirklichkeit denselben Wert haben müßten. Nimmt man jedoch verschiedene Flüssigkeiten, so folgt aus der Auflösung der Gleichungen

$$\frac{v_1^2}{2\,g\,l_1} = \frac{v_2^2}{2\,g\,l_2} \qquad \frac{v_1\,l_1}{\nu_1} = \frac{v_2\,l_2}{\nu_2},$$

daß auch für Vorgänge mit Schwere und Reibung ein Modellversuch im Maßstab

$$\frac{l_2}{l_1} = \left(\frac{\nu_2}{\nu_1}\right)^{2/3} \qquad \frac{v_2}{v_1} = \left(\frac{\nu_2}{\nu_1}\right)^{1/3}$$

möglich wird.

---

[1] Landolt-Börnstein, Physikalisch-chemische Tabellen 2. Aufl. 1894 Tabelle 110 c, 3. Aufl. 1903 Tabellen 37 bis 40.

Versuche über den Druckverlust in Rohren.

8) Anwendung des Aehnlichkeitsgesetzes beim Druckverlust in Rohren.

Wir wollen uns nun den Bestätigungen des Aehnlichkeitsgesetzes durch den Versuch zuwenden, und zwar zunächst für den Fall des Druckverlustes in Rohren.

In der Formel

$$h = \lambda \, \frac{l}{d} \, \frac{v^2}{2g},$$

in der l die Länge der Meßstrecke und d den Durchmesser bedeutet, muß der Beiwert λ Funktion von $\frac{vd}{\nu}$ sein. Es liegt hier nämlich zunächst der in Absatz 6) erwähnte Fall vor, daß zwei Längen l und d auftreten, so daß das Verhältnis $h : \frac{v^2}{2g}$ Funktion von $\frac{l}{d}$ und $\frac{vl}{\nu}$ oder, wie man will, von $\frac{l}{d}$ und $\frac{vd}{\nu}$ ist. Die Proportionalität von h zur Meßlänge l erscheint selbstverständlich, wenn man sich in einer langen Rohrleitung genügend weit vom Eintritt entfernt befindet, daher ist h in obigem Ansatz sogleich zu $\frac{l}{d}$ proportional gesetzt, und es bleibt dann nur der Durchmesser als maßgebende Länge übrig, so daß λ Funktion von $\frac{vd}{\nu}$ wird.

Auf Grund dieser Ueberlegungen tragen wir alle vorliegenden Versuche in ein Diagramm ein, dessen Abszisse $\frac{vd}{\nu}$ und dessen Ordinate $\lambda = \frac{2gdh}{v^2l}$ ist. Jedes untersuchte Rohr, bei dem die Werte von λ bei verschiedenen Geschwindigkeiten gemessen sind, liefert darin eine Kurve, und die Bestätigung des Aehnlichkeitsgesetzes ist darin zu suchen, daß alle diese Kurven zusammenfallen. λ hat z. B. bei einem Rohr von 5 mm Dmr. und einer Geschwindigkeit von 10 m/sk denselben Wert wie bei $d = 100$ mm und $v = 0{,}5$ m/sk, denn die Reynoldssche Zahl $\frac{vd}{\nu}$ ist, bei einer Temperatur von 15^0 C, mit $\nu = 0{,}0115$ cm²/sk, in beiden Fällen: $\frac{0{,}5 \cdot 1000}{0{,}0115} = \frac{10 \cdot 50}{0{,}0115} = 43500$. d und v sind hierbei in Zentimetern zu messen, da auch ν in cm²/sk abgelesen ist.

Wir werden sehen, daß dies Gesetz des Zusammenfallens der Kurven für glatte Rohre zutrifft.

Welche Kurve dabei herauskommt, darüber sagt das Aehnlichkeitsgesetz nichts aus, diese muß nach wie vor auf irgend eine passende Art interpoliert werden. Die Gültigkeit oder Ungültigkeit hängt nur daran, ob die Kurven für verschiedene Rohre zusammenfallen. Das Aehnlichkeitsgesetz hat nur zur Folge, daß die Abhängigkeit des λ von zwei Größen zurückgeführt wird auf die Abhängigkeit von nur einer Größe. Man braucht hiernach das λ nur für einen Rohrdurchmesser bei allen Geschwindigkeiten zu eichen und hat es dann für alle anderen Rohrdurchmesser im entsprechenden Geschwindigkeitsbereich. Oder anders ausgedrückt: durch die Abhängigkeit des λ von v bei gleichem Rohr ist die Abhängigkeit vom Durchmesser mitbestimmt: Wenn λ mit der Geschwindigkeit v bei gleichem d abnimmt, dann, so sagt das Gesetz, muß es auch mit dem Durchmesser d bei gleichem v abnehmen. In der Abhängigkeit des λ von ν steckt der Einfluß der Temperatur, mit der ν in hohem Maße veränderlich ist.

Das Aehnlichkeitsgesetz liefert daher eine Beschränkung der Interpolationsformeln für glatte Rohre nur insofern, als darin v und d nur in der Verbindung $\frac{v\,d}{\nu}$ vorkommen dürfen. Die Formeln von Darcy, Weisbach und Biel (für $f=\mathrm{o}$) genügen dieser Forderung nicht: Bei Darcy ist λ nur von d, bei Weisbach nur von v abhängig, Biel schreibt für $f=\mathrm{o}: \lambda = a + \frac{b}{v\sqrt{d}}$. Dagegen haben die Formeln von Flamant, Hagen, Reynolds, Saph und Schoder, Lang die vom Aehnlichkeitsgesetz geforderte Form, abgesehen davon, daß keiner derselben, außer Reynolds, ν einführt (vergl. unten). Eine Bestätigung des Aehnlichkeitsgesetzes wird die Interpolation von λ insofern erleichtern, als die Darstellung einer Funktion von ei n er Veränderlichen leichter ist, als wenn man über die Abhängigkeit von d r ei Größen im Zweifel ist. Daß es unter diesen Verhältnissen vorteilhafter ist, λ als Funktion von $\frac{v\,d}{\nu}$ aufzutragen und nicht h oder $\frac{h}{vL}$ als Funktion von v, braucht nach obigem wohl nicht weiter begründet zu werden [1]), ganz abgesehen davon, daß man bei der hier empfohlenen Art frei ist von Schwierigkeiten des Maßsystems. (Bei Biel h in Meter, L in Kilometer!) Man hat bei dimensionslosen Größen nur darauf zu achten, daß man alle Größen in gleichem Maß mißt. Wenn man ν aus Abb. 1 in cm²/sk abliest, so muß auch v und d in cm/sk bezw. cm gemessen werden, bei anderer Gewohnheit muß man sich die Kurve für ν vorher in den Maßstab m²/sk oder Quadratfuß/sk übertragen.

<h2 style="text-align:center">9) Versuche von Saph und Schoder.</h2>

Die sorgfältigsten und ausführlichsten Versuche über den Druckverlust in glatten Rohren sind von den amerikanischen Ingenieuren Saph und Schoder [2]) ausgeführt. Die Durchmesser der 15 gezogenen Messingrohre reichen von 53,10 mm (Rohr II) bis 2,722 mm (Rohr XVI). In Abb. 2, Textblatt, ist eine Auswahl aus diesen Versuchen in der in Absatz 8 empfohlenen Art aufgetragen [3]), und man erkennt daraus für die gezogenen Messingrohre, daß tatsächlich alle Beobachtungspunkte annähernd auf derselben Kurve liegen. Die Abweichungen betragen höchstens ± 2 vH. Damit ist für diese Rohre das Gesetz bestätigt.

Ausgelassen habe ich aus der Darstellung das Rohr VI, bei dem die Beobachter selbst Bemerkungen über geringe Verschmutzung des Rohrs machen. Auch war es aus Stücken zusammengesetzt, die etwas verschiedenen Durchmesser hatten. Bei der Berechnung ergaben sich die Werte bald höher bald geringer als die der anderen Rohre, wiesen also eine viel größere Streuung auf,

---

[1]) Außer der Auftragung von $\lambda = \dfrac{2\,g\,d\,h}{v^2 l}$ über $\dfrac{v\,d}{\nu}$ läßt das Aehnlichkeitsgesetz auch z. B. $\lambda\,\dfrac{v\,d}{\nu} = \dfrac{2\,g\,d^2\,h}{v\,l\,\nu}$ als Ordinate zu, wodurch man Kurven ähnlicher Form wie Biel erhält; auch kann man statt des Durchmessers den Halbmesser setzen u. dergl. Ich möchte aber, um den Vergleich zwischen den verschiedenen Verfassern zu erleichtern, vorschlagen, bei den hier benutzten Größen zu bleiben, denn λ ist bereits allgemein gebräuchlich, und auch der Durchmesser wird in der Praxis häufiger genannt als der Halbmesser.

[2]) Transact. of the American Society of Civ. Eng. Bd. 51 (1903) S. 253.

[3]) Die Abbildung ist im logarithmischen Maßstab gezeichnet, wodurch die Abszissenwerte bei kleinem $\dfrac{v\,d}{\nu}$, wo die meisten Punkte aufgetragen sind, weiter auseinanderrücken. Außerdem zeigt der logarithmische Maßstab das Bestehen eines Potenzgesetzes dadurch an, daß die Kurve eine Gerade wird.

ohne doch eine systematische Abweichung erkennen zu lassen. Daraufhin wurden VIII und XII, die ebenfalls Teile von verschiedenem Durchmesser besaßen, gar nicht erst durchgerechnet. XIV wurde verworfen, weil die Beobachter angaben, daß die Rohre wegen geringer Wandstärke etwas verbeult waren. Die Werte lagen daher auch ein wenig höher als die der anderen Rohre.

Die anderen Rohre sind zwar durchgerechnet, aber nicht alle aufgetragen, um Abb. 2 nicht zu überlasten; sie fallen in denselben Streifen hinein, wie die in Abb. 2 untergebrachten Rohre.

Außerdem sind in Abb. 2 noch 3 Beobachtungsreihen an verzinkten Eisenrohren eingetragen, welche zeigen, daß für rauhe Rohre das Gesetz nicht gilt. Die Kurven, die von Rohren verschiedenen Durchmessers herrühren, fallen hier nicht zusammen. Für solche Rohre, bei denen die Rauhigkeit der Oberfläche eine Rolle spielt, bedarf das Gesetz einer Erweiterung. In der Ueberlegung von Absatz 6) sind nicht nur l und d als maßgebende Längen zu betrachten, sondern auch die Größe ε der Unebenheiten, die Rauhigkeit. λ wird dann Funktion nicht nur von $\frac{v\,d}{\nu}$, sondern auch von $\frac{\varepsilon}{d}$, vom Verhältnis der Rauhigkeit zum Durchmesser. Hier tritt der Durchmesser d also noch in einer anderen Verhältniszahl auf. Bei gleicher Rauhigkeitszahl ε, die bei gleichem Stoff annähernd zu erwarten ist, ist das Rauhigkeitsverhältnis $\frac{\varepsilon}{d}$ für kleines d größer, die Kurve für λ müßte also für kleines d im allgemeinen höher liegen. Das ist auch bei den Saph-Schoderschen verzinkten Eisenrohren beinahe der Fall. Die Durchmesser bilden nach der Größe der Widerstandzahlen die Reihenfolge: 0,889 — (2,647) — 1,234 — 1,589 — 2,16 cm, Fig. 2 und 17, so daß nur der größte Durchmesser eine Ausnahmestellung einnimmt. Hier war also wohl trotz gleichen Stoffes größere Rauhigkeit ε vorhanden; die Kurve ist nicht mit aufgetragen, weil ich ursprünglich beabsichtigte, die Abhängigkeit des λ von $\frac{\varepsilon}{d}$ an diesen Kurven zu untersuchen. Für rauhe Rohre fallen also die Kurven für verschiedene d bei gleichem ε nicht mehr zusammen. Umgekehrt ist daher die Uebereinstimmung der Kurven bei den Messingrohren als Kennzeichen dafür aufzufassen, daß wir hier den Fall $\varepsilon = 0$, also den Fall ganz glatter Wandung vor uns haben. Nur mit diesem Fall wollen wir uns zunächst beschäftigen.

10) Interpolationsformeln für glatte Rohre.

Die Frage, durch welchen Funktionsausdruck λ als Funktion von $\frac{v\,d}{\nu}$ für glatte Rohre dargestellt wird, wird vom Aehnlichkeitsgesetz nicht beantwortet. Der Versuch zeigt uns, daß bis zu dem Wert:

$$\frac{v\,d}{\nu} = 2000$$

das Poiseuillesche Gesetz der laminaren Strömung, des zeitlich unveränderlichen Beharrungszustandes:

$$h = 32\,\frac{\nu\,l\,v}{g\,d^2}$$

befolgt wird; hier ist:

$$\lambda = 64\,\frac{\nu}{v\,d}.$$

Diese Funktion, die der Forderung des Aehnlichkeitsgesetzes entspricht, ist in Abb. 2 für kleine Werte von $\frac{v\,d}{\nu}$ links eingetragen. Für $\frac{v\,d}{\nu} < 2000$ fallen die

Saph-Schoderschen Beobachtungen mit wenigen Ausnahmen auf diese Kurve, und es sei bemerkt, daß auch über $\lambda = 0{,}05$ noch eine Reihe von Punkten vorhanden ist, die auf der Zeichnung keinen Platz mehr fanden. Die Gültigkeit des Poiseuilleschen Gesetzes für laminare Strömung ist ja auch nicht mehr zweifelhaft, sondern dient im Gegenteil zur Eichung der Werte von v.

Zwischen

$$\frac{v\,d}{\nu} = 2000 \text{ bis } 3000$$

findet der bekannte Uebergang zur turbulenten Strömung, bei der die Geschwindigkeit zeitlich veränderlich und nur im Mittel gleichbleibend ist, statt. λ wächst dabei von $0{,}032$ auf $0{,}043$. Von $\frac{v\,d}{\nu} = 3000$ an nimmt λ nach einer anderen Kurve ab. Ein neuer Uebergang, wie Biel[1]) behauptet, ist nicht mehr vorhanden. Die zweite Grenzgeschwindigkeit, die etwa bei 12 000 liegen würde, ist offenbar nur die Grenze seiner angenommenen Annäherungsformel, deren Wahl ich nicht für glücklich halte.

Die Kurve für λ bei turbulenter Strömung ist bei Saph-Schoder für

$$\frac{v\,d}{\nu} = 3000 \text{ bis } 100\,000$$

mit Punkten belegt.

Saph-Schoder selbst interpolieren sie durch

$$1000\,\frac{h}{l} = 0{,}296\,\frac{v^{1{,}75}}{d^{1{,}25}}$$

für engl. Fuß und für eine Temperatur von 55^0 Fahrenheit; sie ergibt

$$\lambda = \frac{2\,g\,d\,h}{v^2\,l} = 2g\,\frac{0{,}296}{1000}\,\frac{1}{v^{0{,}25}\,d^{0{,}25}},$$

und es ist bemerkenswert, daß diese ohne Kenntnis des Aehnlichkeitsgesetzes aufgestellte Formel die nach Absatz 6) richtige Form erhalten hat: λ ist derselben Potenz von v und d proportional. Die Formel muß allerdings ergänzt werden durch die Abhängigkeit von ν, unter Rücksicht auf $\nu = 0{,}0122$ cm²/sk für 55^0 Fahrenheit.

Es ergibt sich so:

$$\lambda = 0{,}3164\,\sqrt[4]{\frac{\nu}{v\,d}}$$

gültig für alle Maßsysteme bei glatten Rohren bei beliebigen v, d und beliebiger Temperatur.

In Zahlentafel 1, S. 29, sind die beobachteten Werte der Formel gegenübergestellt. Eine Vorstellung von der geringen Streuung der Messungen geben die aus Abb. 2 entnommenen oberen und unteren Grenzen der gemessenen Werte. Man kann nun die Frage aufwerfen, wie weit die Potenzform unserer Formel durch die Messungen verbürgt ist; durch einen Kurvenstreifen von einiger Breite kann man ja viele Kurven durchlegen. Ich habe deshalb einen Ansatz der Form:

$$\lambda = a + b\left(\frac{\nu}{v\,d}\right)^n$$

mit 3 unbestimmten Konstanten a, b, n versucht und diese Konstanten durch 3 beliebig herausgegriffene Punkte aus den Beobachtnngen der Zahlentafel 1 (Mittel) bestimmt.

---

[1]) Biel, Mitteilungen über Forschungsarbeiten Heft **44**.

Ich erhielt aus:

$$\frac{v\,d}{\nu} = 5000 \quad 25\,000 \quad 100\,000 \left.\begin{array}{l} \\ \\ \end{array}\right\} \lambda = 0{,}0028 + 0{,}3804 \left(\frac{\nu}{v\,d}\right)^{0{,}28}$$
$$\lambda = 0{,}0378 \quad 0{,}0251 \quad 0{,}0179$$

aus

$$\frac{v\,d}{\nu} = 10\,000 \quad 30\,000 \quad 90\,000 \left.\begin{array}{l} \\ \\ \end{array}\right\} \lambda = 0{,}0067 + 0{,}6415 \left(\frac{\nu}{v\,d}\right)^{0{,}35}$$
$$\lambda = 0{,}0321 \quad 0{,}0240 \quad 0{,}0185$$

aus

$$\frac{v\,d}{\nu} = 3000 \quad 20\,000 \quad 100\,000 \left.\begin{array}{l} \\ \\ \end{array}\right\} \lambda = 0{,}0021 + 0{,}2642 \left(\frac{\nu}{v\,d}\right)^{0{,}225}$$
$$\lambda = 0{,}0418 \quad 0{,}0266 \quad 0{,}0179$$

aus

$$\frac{v\,d}{\nu} = 5000 \quad 20\,000 \quad 80\,000 \left.\begin{array}{l} \\ \\ \end{array}\right\} \lambda = 0{,}0030 + 0{,}377 \left(\frac{\nu}{v\,d}\right)^{0{,}28}$$
$$\lambda = 0{,}0378 \quad 0{,}0266 \quad 0{,}0190$$

Es ergab sich also nur bei den am engsten liegenden 3 Punkten ein höherer Wert der Asymptote $a = 0{,}0067$; alle anderen Interpolationen geben für a so kleine Werte im Vergleich zu den üblichen Werten von λ zwischen 0,02 und 0,03, daß die Entscheidung für das reine Potenzgesetz

$$\lambda = 0{,}3164 \left(\frac{\nu}{v\,d}\right)^{0{,}25}$$

gerechtfertigt erscheint. Tatsächlich verläuft ja auch diese Kurve völlig innerhalb des Streifens.

11) Versuche von Nusselt mit Druckluft.

Nachdem durch die Saph-Schoderschen Versuche für glatte Rohre mit Wasser das Gesetz bestätigt ist, ist eine kurze Versuchsreihe von Nusselt für Druckluft zu beachten[1]), die in Zahlentafel 2 und Abb. 3, S. 35, in unserem Diagramm wiedergegeben ist. Der Durchmesser war $d = 2{,}201$ cm. Bei der Ausrechnung ist zu beachten, daß v nicht unmittelbar aus Abb. 1 zu entnehmen ist, sondern auf den angegebenen Druck umgerechnet werden muß. Ferner nimmt bei Gasen mit dem Druck auch die Dichte ab und daher die Geschwindigkeit zu, so daß das zur Beschleunigung nötige Gefälle von dem gemessenen Gefälle in Abzug zu bringen ist, um den reinen Reibungsdruckverlust zu erhalten. Wir berechnen gleich den Anteil an λ, den die Beschleunigung ausmacht:

$$\lambda_B = \frac{2\,g\,d\,h}{v^2\,l} = \frac{2\,g\,d}{v^2}\frac{\partial \frac{v^2}{2\,g}}{\partial x} = \frac{2\,d}{v}\frac{\partial v}{\partial x} = -\frac{2\,d}{\gamma}\frac{\partial \gamma}{\partial x} = -\frac{2\,d}{p}\frac{\partial p}{\partial x}$$

bei isothermer Ausdehnung.

Diese Werte sind in der vorletzten Spalte der Zahlentafel 2, S. 29, eingetragen, und zwar so, daß die angegebenen Zahlen mit 10^{-6} multipliziert λ_B ergeben. Diese λ_B sind von dem aus den Messungen berechneten λ abzuziehen, um λ_R zu erhalten. Letzteres ist dann in Abb. 3, S. 35, als Funktion von $\frac{v\,d}{\nu}$ aufgetragen. Der Vergleich mit der Kurve lehrt, daß diese 10 Punkte sich der oben für Wasser aufgestellten Interpolationsformel

$$\lambda = 0{,}3164 \left(\frac{v\,d}{\nu}\right)^{0{,}25}$$

ebenfalls anschließen. Hierdurch ist die Aehnlichkeit auch zwischen verschiedenen Flüssigkeiten, Wasser und Luft bestätigt.

---

[1]) Nusselt, Mitteilungen über Forschungsarbeiten Heft 89, Zahlentafel Nr. 7 auf S. 25.

12) Versuche von Reynolds.

Reynolds, der das oben genannte Aehnlichkeitsgesetz zuerst ausgesprochen hat, hat in seiner Arbeit auch Versuche veröffentlicht, aus denen er die Bestätigung seines Gesetzes ableitet. Zwei Bleirohre von 6,15 mm und 12,65 mm Dmr. wurden bei Geschwindigkeiten bis 4,7 und 7,1 m/sk untersucht. Die Versuche sind in Abb. 4, S. 36, mit $\frac{v\,d}{v}$ als Abszisse und λ als Ordinate aufgetragen und zeigen untereinander die Uebereinstimmung, die das Gesetz verlangt. Allerdings stimmen sie nicht überein mit den Messungen von Saph und Schoder, die in derselben Abbildung dargestellt sind durch die obere und untere Grenze, sowie durch die Interpolationsformel.

Diese Abweichung zwischen Reynolds und Saph-Schoder würde auf einen Einfluß des Stoffes hindeuten, der um so unwahrscheinlicher ist, als es sich hier um glatte Rohre handelt. Ich habe infolgedessen die Reynoldsschen Versuche nachgeprüft und gefunden, daß auch Bleirohre denselben Widerstand wie die Saph-Schoderschen Messingrohre haben. Ich vermute demnach bei Reynolds einen systematischen Fehler der Messungen. Die Konstanten seiner Interpolationsformeln haben daher kein weiteres Interesse, jedoch möge bemerkt werden, daß auch Reynolds ein Potenzgesetz empfiehlt, in dem das Druckgefälle proportional zu $v^{1,723}$ ist. λ würde hiernach, wie bei Saph-Schoder ungefähr zu $\sqrt[4]{\frac{v}{v\,d}}$ proportional werden.

13) Versuche von Lang.

Eine beachtenswerte Reihe von Versuchen hat Lang an einem Kupferrohr von rd. 6 mm Dmr. angestellt, indem er unter Verwendung eines Druckes von 50 at Geschwindigkeiten bis 54 m/sk erreicht. Die Beobachtungen sind auch bei Biel verwertet, wo man eine Beschreibung der Versuche nachlesen kann, sie sind im Original nicht veröffentlicht. Das Manuskript der Versuche wurde mir von Hrn. Reg.- und Baurat Lang freundlichst zur Verfügung gestellt. Da das in Frage stehende Aehnlichkeitsgesetz einen Vergleich aufstellt zwischen großen Geschwindigkeiten bei kleinem Durchmesser einerseits und kleinem v bei großem d anderseits, so läßt sich aus solchen Versuchen eine besonders scharfe Prüfung desselben erwarten. Die Langschen Versuche erreichen den Wert $\frac{v\,d}{v} = 326\,000$, während die Saph-Schoderschen Rohre XI und XIII, die etwa denselben Durchmesser haben, nur Punkte bis 20 000 liefern. In der neuesten Auflage der Hütte (XXI) interpoliert Lang seine Beobachtungen bei etwa 20^0 C durch

$$\lambda = 0,014 + \frac{0,0018}{\sqrt{c_B\,d}} \quad \text{(Maße in Metern)},$$

wobei v_B der Unterschied der Geschwindigkeit gegen die kritische ist. Diese Formel ist, ebenso wie die Saph-Schodersche, in Uebereinstimmung mit dem Aehnlichkeitsgesetz, wenn wir sie durch Einführung von v (für 20^0 C: $v = 1,01 \cdot 10^{-6}$ m²/sk) ergänzen [1]). Wir erhalten die Form:

[1]) Der Koeffizient b in dem Langschen Ansatz

$$\lambda = a + \frac{b}{\sqrt{v\,d}}$$

würde je nach den Werten von v für verschiedene Temperaturen die Werte $b = 1,8 \sqrt{v}$ erhalten:

Temperatur:	0^0	10^0	20^0	50^0	100^0 C
Werte b:	0,00240	0,00206	0,00181	0,00136	$0,00100 \dfrac{m}{\sqrt{sk}}$

$$\lambda = 0{,}014 + 1{,}8 \ \sqrt{\frac{r}{v_B \, d}}$$

oder, wenn wir statt v_B die Geschwindigkeit v einführen:

$$\lambda = 0{,}014 + \frac{1{,}8}{\sqrt{\dfrac{v\,d}{\nu}} - 2000}\ .$$

Ich halte die Wahl dieser Formel nicht für glücklich, da sie λ zu stark unendlich werden läßt, wenn man sich der kritischen Geschwindigkeit mit turbulenter Strömung nähert (vergl. Zahlentafel 1). Für größere Werte von $\frac{v\,d}{\nu}$ (vergl. die Abscissenwerte von Abb. 4) hat aber der Abzug von 2000 keine Bedeutung mehr, und die in der XX. Auflage der Hütte angegebene einfachere Form, in der statt v_B nur v steht, hätte auch genügt. Seine Versuchswerte schließen sich der Formel zum Teil gut an; für höhere Geschwindigkeiten kommen allerdings auch starke Streuungen vor, die wohl auf die Verwendung von Metallmanometern zurückzuführen sind. Die Kurve ist in Abb. 4 und Zahlentafel 1 eingetragen und liegt durchweg höher als die Saph-Schodersche: bei $\frac{v\,d}{\nu} = 100\,000$ um 10 vH.

Vermutlich hat hier die schon bei Biel (Seite 25) erwähnte Tatsache Einfluß, daß die Meßstelle sehr nahe am Anfang des Rohres lag. Nach meinen nachher zu besprechenden Versuchen (Absatz 16) findet am Anfang des Rohres ein etwas höherer Druckverlust statt, und zwar etwa in demselben Maße. Für ganz glatte Rohre gibt Lang einen noch geringeren Asymptotenwert $a = 0{,}010$ bis $0{,}009$ an. Diese Kurve ist ebenfalls in Abb. 4 eingetragen und liegt erheblich niedriger als die Saph-Schoderschen Beobachtungen, die wir vorhin in Anbetracht ihrer vorzüglichen Uebereinstimmung als maßgebend für glatte Rohre erkannt hatten. Ich vermute daher, daß auch das Langsche Kupferrohr schon zu den glatten Rohren gehört, und daß die zu hohen Werte von λ durch den Mangel an Eintrittslänge begründet sind, wie sich auch später aus meinen Versuchen ergeben wird. Die niedrigste Kurve von Lang dagegen erscheint mir nicht zulässig zu sein. Es wäre sehr erwünscht, die Versuche bei hohen Geschwindigkeiten zu wiederholen mit ausreichender Eintrittslänge und mit Quecksilbermanometer.

14) Eigene Versuche an einem Bleirohr.

Zur Nachprüfung der Reynoldsschen Versuche unternahm ich an der Versuchsanstalt für Wasserbau und Schiffbau zu Berlin Versuche über den Druckverlust in einem Bleirohr von nominell 5 mm Dmr. Wie Abb. 5 bis 8 zeigen, lagen drei verschiedene Meßstrecken auf ihm; die Messungen wurden, um den Einfluß der Entfernung vom Eintritt zu untersuchen, für beide Durchflußrichtungen vorgenommen. Die Speisung des Rohrs erfolgte für die höheren Geschwindigkeiten aus der Wasserleitung, für geringere Geschwindigkeiten aus einem hochstehenden Gefäß. Dieses Gefäß, der Paraffinofen der Versuchsanstalt, war heizbar und lieferte mir für einige weitere Versuchsreihen Wasser von etwa 80^0 C, um die Richtigkeit des Einflusses von ν auf λ zu prüfen. Es ergaben sich also Versuche an 3 Meßstrecken bei 2 Durchflußrichtungen und 3 Anordnungen des Zuflusses.

Die Einrichtung der 4 Meßstellen A, B, C, D, nach denen die Meßstrecken je nach der Durchflußrichtung »AB« oder »BA« usw. benannt sind, ist in Abb. 5 bis 8 gezeichnet: Durch das Bleirohr waren 4 Löcher gebohrt, an denen innen der Grat sorgfältig entfernt wurde. Als Schlauchansatz wurde ein Rohrstück von 12 mm lichter Weite hinübergeschoben, das an einer Seite zugelötet war. Der Schlauchansatz war nach unten gerichtet, so daß etwa vorhandene Luft in das Bleirohr zurücksteigen konnte, bis der Wasserspiegel die oberen Löcher erreichte. Beim Aufbau der Versuche wurde besonders darauf

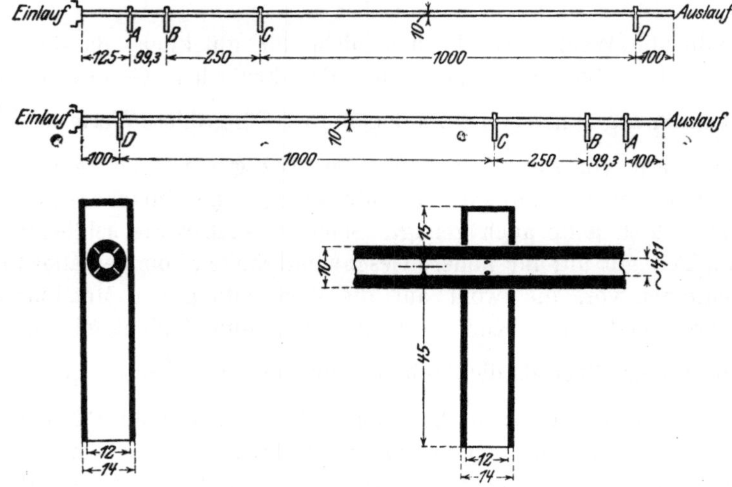

Abb. 5 bis 8.

gesehen, daß die Schläuche in einer einzigen Schlinge herunterhingen, so daß etwa vorhandene Luft entweder ins Manometer hinauf- oder ins Rohr zurücksteigen konnte. Bei den Heißwasserversuchen war am Eintritt ein Thermometer eingebaut und das Rohr zur Isolierung mit Putzwolle umwickelt.

Die Durchmesser der 3 einzelnen Meßstrecken wurden durch Wägen des Wasserinhalts bestimmt, und es ist unbedingt notwendig, gerade d so genau wie möglich zu bestimmen, denn da die Messung von v aus Wassermenge und Querschnittfläche ebenfalls von der Bestimmung von d abhängt, so wird $\lambda = \frac{2\,g\,d\,h}{v^2\,l}$ der fünften Potenz von d proportional. Ein Fehler von 1 vH in der Messung von d hat also 5 vH Fehler in λ zur Folge. Durchmesser, Querschnitt und Meßlänge sind in Zahlentafel 3, S. 30, und bei den einzelnen Versuchsreihen angegeben.

Verwendet wurden Wassermanometer und für die beiden längeren Meßstrecken bei den Versuchen mit Leitungswasser Quecksilbermanometer. Für die Umrechnung der Quecksilberhöhen auf Wassersäulenhöhen wurde der Wert $\gamma_Q - 1 = 12,6$ benutzt.

Die Durchflußmenge wurde auf einer gewöhnlichen Dezimalwage gewogen, die Durchflußzeit (3 bis 4 Minuten bei jedem Versuche) mit einer Stoppuhr bestimmt, hieraus v berechnet. Bei jedem Versuch wurde die Temperatur (8 bis 12° C) abgelesen und hieraus ν nach Abb. 1 bestimmt. In den Versuchstafeln sind also das Gefälle $\frac{h}{l}$, die Geschwindigkeit v und der Reibungskoeffizient ν bei jedem Versuch bestimmt und hieraus $\frac{v\,d}{\nu}$ und λ berechnet. Die Zahlentafeln 4 und 5, S. 30 bis 32, zeigen dies für die längste Meßstrecke CD oder DC.

Bei den Heißwasserversuchen wurde die Ausdehnung des Rohres berücksichtigt und die in kg/sk gemessene Durchflußmenge zur Bestimmung von v auf ltr/sk umgerechnet. Die angegebene Druckhöhe gilt in Wassersäule derselben Temperatur wie das durchfließende Wasser; da die Höhen im Manometer mit kaltem Wasser gemessen wurden, so war eine Umrechnung nötig.

15) Folgerungen aus den Versuchen.

Die Ergebnisse der Messungen sind in Abb. 9 bis 13, S. 36 u. 37, aufgetragen. Als Kurve ausgezogen ist λ für laminare Strömung sowie die Interpolationsformel der Saph-Schoderschen Versuche, und man erkennt zunächst, daß diese Versuche mit Bleirohr im allgemeinen ausreichend übereinstimmen mit den Saph-Schoderschen Versuchen an Messingrohren. Die Messungen von Reynolds (Absatz 12) sind dadurch widerlegt, und wir können behaupten, daß alle glatten Rohre — bis jetzt gezogene Messing-, Kupfer und Bleirohre — dasselbe Gesetz der Widerstandzahlen haben, und daß sie sich dem Aehnlichkeitsgesetz: λ Funktion von $\frac{v\,d}{\nu}$ fügen.

Im einzelnen ist zu den Abbildungen Folgendes zu bemerken:

Die verschiedenen in Absatz 14) gekennzeichneten Anordnungen des Zuflusses sind durch verschiedene Bezeichnungen dargestellt. Bei den äußeren Meßstrecken AB und CD sind die umgekehrten Durchflußrichtungen BA und DC in besonderer Abbildung dargestellt, um den Unterschied in der Entfernung vom Eintritt zu zeigen. Bei der Meßstrecke AB, Abb. 9, die nahe am Eintritt lag, fand nun der Uebergang von laminarer zu turbulenter Strömung bei höheren $\frac{v\,d}{\nu}$, 6000 bis 12 000 statt, als für BA, Abb. 7. Dies stimmt mit den Angaben von Reynolds überein, nach dessen bekannten Versuchen mit dem in das Rohr eingeführten gefärbten Wasserfaden die kritische Geschwindigkeit in der Anfangsstrecke bis $\frac{v\,d}{\nu} = 12\,000$ vorrücken kann. Man bemerkt aus .Abb 9 überdies, daß der Widerstand bei laminarer Strömung für AB viel höher liegt, als der Formel $\lambda = 64\,\frac{\nu}{v\,d}$ entspricht, auch für turbulente Strömung ist dies noch zu erkennen. Hiernach erscheint für die Eichung von λ die Forderung einer Eintrittslänge vom 50fachen Durchmesser vor der Meßstrecke notwendig. Saph-Schoder haben durchweg 200fachen Durchmesser innegehalten. Immerhin ist der Unterschied, wie man sieht, bereits bei AB (25facher Dmr. für die Eintrittslänge) praktisch ohne Belang.

Die Werte bei der Meßstrecke BC und CB liegen, Abb. 11, durchweg höher, als den Saph-Schoderschen Messungen entspricht. Der Durchmesser des verwendeten Bleirohres war nämlich nicht gleichmäßig; nach Zahlentafel 3, S. 30, unterschieden sich AB und CD um $^{1}/_{10}$ mm. Vielleicht ist bei der Fabrikation des Rohres an dieser Stelle eine Unregelmäßigkeit eingetreten, die die Strecke BC betraf und deren Zustand verschlechterte.

Am besten ist die Uebereinstimmung bei den Wasserleitungspunkten Abb. 10 und bei CD und DC, bei der ja auch Ungenau.gkeiten in der Höhenablesung wegen der großen Meßlänge nicht viel ausmachen. Die gemessenen Werte sind deswegen auch nur für diese Meßstrecke in den Zahlentafeln 4 und 5, S. 31 und 32, angegeben. Eine Verschiebung des Uebergangzustandes bei DC, das nur geringe Eintrittslänge aufwies, ist hier wenig zu merken, da der langen Meßstrecke ja auch weiter entfernte Punkte angehören.

Der Vergleich der mit kaltem und warmem Wasser gewonnenen Punkte zeigt, daß mit der Einführung von ν in $\frac{v\,d}{\nu}$ der Einfluß der Temperatur richtig getroffen ist. Zu vergleichen sind bei allen 3 Meßstrecken die schwarzen Punkte (Heißwasserversuche) mit den offenen Kreisen, die bei gleichen Geschwindigkeiten mit kaltem Wasser gewonnen sind. Da ν für 10^{0} C ungefähr $= 0{,}013$ cm²/sk, für 80° C ungefähr $\nu = 0{,}004$ cm²/sk ist, so fallen nach der Theorie bei gleichem v und d die Heißwasserpunkte etwa dreimal so weit auf der Kurve hinaus (bis 20 000) als die Kaltwasserpunkte (bis 6000); und in der Tat hat die Messung ergeben, daß die Versuche mit kaltem Wasser bei diesen Geschwindigkeiten den Uebergangszustand durchmachen, während die entsprechenden Heißwasserversuche denselben Teil der λ-Kurve einnehmen, den auch die schwarz-weißen Punkte der Wasserleitungsversuche (kaltes Wasser, höhere Geschwindigkeit) erfüllen. Vollkommen ist die Uebereinstimmung allerdings nicht, vielmehr liegen die Heißwasserpunkte durchschnittlich etwas zu hoch, aber im großen ganzen ist der Einfluß der Temperatur doch deutlich zu sehen, und zahlenmäßig werden wir in Absatz 17) genauere Versuche erhalten.

16) Versuche an einem Messingrohr.

Die Form der Interpolation ist bei kleinem Bereich der Messungen sehr willkürlich, und wenn auch der Bereich der Saph-Schoderschen Messungen von 3000 bis 100000 (Verhältnis 1 : 33) und ihre Genauigkeit ausreichen, um die Langsche Formel auszuschalten (vergl. Absatz 10), Zahlentafel 1 und Abb. 4), so wird man doch danach streben müssen, den Bereich der Abszissenwerte $\frac{vd}{\nu}$ weiter auszudehnen. Dies kann durch Vergrößerung der Geschwindigkeit (Lang, Absatz 13) oder des Durchmessers oder auch durch Uebergang zu anderer Flüssigkeit mit kleinerem ν geschehen. Da mir hohe Drücke nicht zur Verfügung standen, so wählte ich ein Messingrohr, dessen Durchmesser durch Wägung zu $d = 3{,}975$ cm ermittelt wurde. Aehnlich wie beim Bleirohr waren 4 Meßstellen angeordnet, so daß die 2 Endstrecken und 3 Meßstrecken folgende Längen hatten: $O — A : 28{,}4$ cm, $A — B : 250$ cm, $B — C : 200$ cm, $C — D : 50$ cm, $D — O :$ 10 cm. Der Druckverlust wurde für beide Durchflußrichtungen gemessen, und die Versuche reichten bis zum Abszissenwert 210000. $λ$ als Funktion von $\frac{vd}{\nu}$ ist in Abb, 14, S. 37, aufgetragen. Die Werte liegen in der Tat nur 3 bis 4 vH höher, als die von uns gewählte Potenzformel angibt. Dabei muß bemerkt werden, daß das benutzte Rohr lange Zeit gelegen hatte, ehe Gelegenheit zu den Versuchen gegeben war; es hatte innen nicht mehr eine völlig blanke Metalloberfläche. Erheblich höher fallen nur die Werte an der kleinsten Meßstrecke, wenn diese am oberen Ende der Leitung lag (Strecke und Richtung DC), und zwar fallen sie gerade in die Höhe, in der die Langsche Kurve liegt. Hierdurch ist nachgewiesen, daß die hohen Werte an dem Langschen Kupferrohr sehr wohl durch die fehlende Eintrittslänge erklärt sind.

17) Versuche an 2 Glasrohren.

Glasrohre werden bei Biel zu den rauhen Rohren gerechnet, eine Angabe, die wohl hauptsächlich auf eine Versuchsreihe von Darcy zurückzuführen ist. Abgesehen von den Fällen, wo durch Zusammenschmelzen mehrerer Längen besondere Widerstände an schlecht ausgeführten Verbindungen entstehen, erscheint diese Angabe einigermaßen befremdlich, da die Oberfläche von Glas durchaus nicht als rauh erscheint. Durch Versuche an 2 Glasrohren bin ich zu dem Schluß gekommen, daß die Ergebnisse der Messungen sehr leicht gefälscht werden dadurch, daß der Durchmesser sich von einem Ende der Rohre zum anderen ändert. Wenn nämlich die untere Meßstelle kleineren Durchmesser hat als die obere, so addiert sich der Unterschied der Geschwindigkeitshöhen zum

Druckverlust, umgekehrt mißt man scheinbar geringeren Reibungsverlust, wenn sich das Rohr in der Stromrichtung erweitert. Diese Tatsache zeigte sich zunächst bei einem Glasrohr von 0,8145 cm Dmr. mit einer Meßstrecke AB.

Vorausgeschickt sei, daß jede Meßstelle aus einem mit Dreikantbohrer gebohrten Loch von etwa $^1\!/_2$ mm Dmr. bestand, über welches als Schlauchansatz ein -Stück geschoben und verkittet war. Es war also vermieden worden, durch Anschmelzen den Durchmesser der Stelle zu verändern. Die Länge der Meßstrecke war bei beiden Rohren rd. 50 cm, die Eintrittstrecken waren 55 cm lang.

Abb. 15, S. 38, zeigt die Ergebnisse mit dem ersten Glasrohr. Mit der Eintrittslänge konnte nur Richtung BA untersucht werden, da das andere Ende ab; brach. Diese Versuche liegen höher als unsere Interpolationsformel. Ohne Eintrittslängen wurden beide Richtungen untersucht, und hierbei ergab BA höhere Werte als AB. Wenn man den Unterschied dieser beiden Kurven von den Werten λ, die BA mit Eintrittslänge ergab, abzieht, so gelangt man zu einer Kurve, die vermutlich bei der Untersuchung von AB mit Eintrittslänge herausgekommen wäre, und diese liegt nun unterhalb der angegebenen Potenzkurve. Das Maß dieser Schätzung ist natürlich ganz willkürlich, und um die Sache unmittelbar zu untersuchen, wurden deshalb an einem zweiten Glasrohre mit aller Sorgfalt Versuche angestellt.

Einrichtung der Meßstellen und Länge der Strecken waren dieselben wie bei dem ersten Rohre. Der Durchmesser war in der Eintrittslänge $O - A$: 0,972 cm, Meßstrecke AB: 0,9871 cm, Eintrittslänge $B - O$: 0,991 cm. Das Rohr erweitert sich also in Richtung AB. Die Ergebnisse sind in Zahlentafel 6 und 7, S. 33, abgedruckt und in Abb. 16, S. 38, dargestellt. Die Zahlentafeln sind wie bei den Bleirohr-Versuchen eingerichtet (Zahlentafel 4 und 5, Absatz 14); die Temperatur, nach der bei jedem Versuch v bestimmt wurde, Abb. 1, war 12° bis 14° C. Abb. 16 zeigt nun, daß in der Tat die Kurve für AB ebensoviel unter der angenommenen Interpolationsformel liegt, wie die Kurve der umgekehrten Durchflußrichtung BA darüber liegt. Der Anteil, der auf Beschleunigung entfällt, ist nach Abb. 16 etwa

$$h_B = 0,0010\,\frac{l}{d}\,\frac{v^2}{2g}\,.$$

Wir können hieraus berechnen, wie groß der Unterschied im Durchmesser der Meßstellen sein müßte, um diese Abweichung zu erklären. Da die Geschwindigkeitshöhe der vierten Potenz des Durchmessers proportional ist, so ist der Unterschied der Geschwindigkeitshöhen:

$$h_B = \frac{4\,(d_2 - d_1)}{d}\,\frac{v^2}{2g}\,.$$

Es folgt also:

$$d_2 - d_1 = \frac{0,0010\,l}{4}$$

oder mit $l = 500$ mm:

$$d_2 - d_1 = 0,125\,\text{mm} = 0,0125\ \text{cm},$$

eine Zahl, die durch die oben angegebenen Messungen der Durchmesser der Eintrittslängen gerechtfertigt wird. Eine unmittelbare Messung ist so genau nicht möglich; nur den mittleren Durchmesser längerer Strecken kann man durch Wägung so genau, wie oben angegeben ist, ermitteln. Jedenfalls beweist Abb. 16, daß nach Abzug des Beschleunigungsanteils auch Glasrohre denselben Druckverlust liefern, wie alle anderen glatten Rohre.

Eine besondere, in Zahlentafel 8, S. 34, dargestellte Versuchsreihe wurde an diesem Rohr mit heißem Wasser von etwa 80° C durchgeführt. Wieder wurde

2*

aus dem Paraffinofen der Versuchsanstalt gespeist, und es wurden für jede Durchflußrichtung 3 Versuche gemacht, die in Abb. 16 besonders gekennzeichnet sind. Zum Vergleich wurden bei derselben Anordnung, also ungefähr gleichen Drücken, je 3 Versuche mit kaltem Wasser von 14 bis 15° C gemacht und in Abb. 16 ebenfalls eingetragen; sie fallen zu kleineren Abszissenwerten und geben entsprechend höheres λ. Der Unterschied beträgt etwa 30 vH. Hervorzuheben ist, daß die Heißwasserpunkte genau auf die mit kaltem Wasser ermittelte Kurve fallen, so daß also der Einfluß der Temperatur durch die Reibungszahl ν in $\frac{v\,d}{\nu}$ richtig wiedergegeben wird.

18) Der Druckverlust in rauhen Rohren.

Bereits in Absatz 9), bei Gelegenheit der Saph-Schoderschen Messungen an verzinkten Eisenrohren ist bemerkt, daß für rauhe Rohre das Aehnlichkeitsgesetz nicht mehr in dem Sinne von Absatz 8) gilt, daß die Kurven, welche Rohre verschiedenen Durchmessers im Diagramm $\frac{v\,d}{\nu}$, λ liefern, zusammenfallen. Vielmehr ist hier die Größe ε der Unebenheiten als neue Länge einzuführen (vergl. Absatz 6), und λ deshalb auch noch als abhängig von dem Längenverhältnis $\frac{\varepsilon}{d}$ zu betrachten, geschrieben:

$$\lambda = \lambda\left(\frac{v\,d}{\nu},\, \frac{\varepsilon}{d}\right).$$

Auch hier liefert also das Aehnlichkeitsgesetz noch eine Einschränkung der Formel für λ. Die Abhängigkeit von den 4 Größen v, d, Temperatur und Rauhigkeit ε ist zurückgeführt auf die Abhängigkeit von nur zweien. In das Diagramm, dessen Abszisse $\frac{v\,d}{\nu}$ und dessen Ordinate λ ist, werden wir eine Kurvenschar mit dem Parameter $\frac{\varepsilon}{d}$ einzeichnen können. Rohre von demselben Stoff (ε) und verschiedenem d haben danach allerdings verschiedene Parameterwerte; aber ein weiteres Rohr mit größerer Rauhigkeitszahl muß dieselbe Kurve ergeben, wie ein engeres Rohr mit verhältnismäßig geringerer Rauhigkeit.

Die Rauhigkeit wird nun im allgemeinen nicht durch die Größe ε der Höcker, sondern durch irgend einen empirischen Wert, durch eine Nummer, festgelegt sein. Dies ändert an dem Aehnlichkeitsgesetz:

$$\lambda = \lambda\left(\frac{v\,d}{\nu},\, \frac{\varepsilon}{d}\right)$$

nur die Form der zweiten unabhängigen Veränderlichen, des Parameters. ε wird eine noch unbestimmte Funktion dieser Rauhigkeitszahl n, wir müssen also schreiben:

$$\lambda = \lambda\left(\frac{v\,d}{\nu},\, \frac{\varepsilon(n)}{d}\right).$$

Wir können dann nicht mehr sagen, in welchem Verhältnis sich die Rauhigkeitszahl n ändern muß, um bei anderem Durchmesser ähnliche Verhältnisse zu erreichen. Erst wenn zwei Rohre bei irgend einem Wert von $\frac{v\,d}{\nu}$ dasselbe λ ergeben haben, können wir schließen, daß sie denselben Parameterwert $\frac{\varepsilon(n)}{d}$ haben, und daß die Kurven auch weiterhin zusammenfallen.

In Abb. 17, Textblatt, sind die hierzu vorliegenden Versuche von Darcy[1]) und Iben[2]) aufgetragen, und zwar im logarithmischen Maßstabe. Von den Saph-Schoderschen verzinkten Eisenrohren sind nur die Kurven, nicht wieder die einzelnen Punkte eingezeichnet. Von den Darcyschen Versuchen sind die Bleirohre und Glasrohre nicht aufgetragen, da diese Frage in den vorhergehenden Absätzen behandelt ist, es sind nur die gezogenen Eisenrohre sowie die Rohre aus asphaltiertem Gußeisen dargestellt. Die über den Signaturen stehenden Nummern geben die Nummer der Rohre bei Darcy an; die darunter stehende Zahl ist der Durchmesser in Zentimetern. Auch an den einzelnen Kurven ist Stoff und Nummer vermerkt. Die bei Iben angegebenen Versuchsreihen geben im allgemeinen keine guten Kurven, die Punkte streuen so stark, daß sie zur Feststellung irgend einer Gesetzmäßigkeit nicht zu gebrauchen sind. Oft findet überhaupt ein Steigen von λ mit wachsender Geschwindigkeit statt. Ich habe deshalb nur 3 Kurven in Abb. 17 eingetragen, die mir nach der Gleichmäßigkeit des Verlaufs zuverlässig erschienen. (Hamburger Versuche X, XIII 30,5 cm; Stuttgarter Versuche VI 5,0 cm.) Schließlich steht auf der Figur noch eine Versuchsreihe an einem asphaltierten Eisenblechrohr von 14,88 cm Dmr., zu der ich selbst Gelegenheit hatte.

Diese von verschiedenen Stoffen und verschiedenen Beobachtern herrührenden Kurven sollen sich nun in eine Kurvenschar einordnen, und man wird dies nach Anblick der Abb. 17 auch zugeben können, obwohl einzelne herausfallende Punkte, wie z. B. bei G 15 oder der zweite Punkt des Darcyschen Rohres, G 16, den Eindruck stark verfälschen. Auf die niedrigsten (links liegenden) Punkte, z. B. bei G 18, aE 8 und aE 10, wird man überhaupt nicht viel geben dürfen, da diese bei den kleinsten Geschwindigkeiten gemessen sind und daher nur kleine, ungenau zu bestimmende Druckunterschiede ergaben. G 22 ist der Streuung wegen ganz auszuschalten, und G 13 liegt unter der für glatte Rohre gültigen Kurve. Die Werte sind daher wohl durchweg zu niedrig gemessen.

Zur Frage nach der Funktion, durch die

$$\lambda = \lambda \left(\frac{v\,d}{\nu}, \frac{\varepsilon}{d} \right)$$

interpoliert wird, zeigt Abb. 17 nur, daß jedenfalls kein reines Potenzgesetz in Frage kommt, da die Kurven sich für große $\frac{v\,d}{\nu}$ anscheinend einer Asymptote nähern, und zwar um so eher, je höher sie liegen. Den Uebergangszustand bei $\frac{v\,d}{\nu} = 2000$ bis 3000 erreichen nur wenige Kurven, und diese ungefähr an derselben Stelle, wo auch die glatten Rohre zum anderen Strömungszustand übergehen.

Zur Entscheidung über die Form der Interpolation sind die Unterlagen, die Abb. 17 zeigt, wohl noch zu ungenau und lückenhaft, und es wäre erwünscht, unter dem hier gegebenen Gesichtspunkte systematische Versuche mit möglichster Genauigkeit anzustellen. Natürlich ist für die Praxis im Einzelfall eine solche Genauigkeit nicht erforderlich, aber wenn es sich darum handelt, die Form der Interpolationsfunktion festzulegen, so können ungenaue Versuchsreihen gar keine

---

[1]) Darcy, Recherches expérimentales relatives au mouvement de l'eau dans les tuyaux. Paris 1857.

[2]) Iben, Druckhöhenverlust in geschlossenen eisernen Rohrleitungen. Denkschrift des Verbandes deutscher Architekten- und Ingenieurvereine. Hamburg 1880.

Entscheidung über die Form der Funktion geben, und man muß möglichste Ausdehnung der Abszissenwerte und möglichst geringe Streuung der Punkte anstreben. Der Praxis wäre mit der Ausdehnung des in Abb. 17 angedeuteten Diagramms bis zum Abszissenwert $\dfrac{v\,d}{\nu} = 1\,000\,000$ genügend gedient. Diese Zahl entspricht z. B. einem Durchmesser von 50 cm und einer Geschwindigkeit von 200 cm/sk bei 20° C.

19) Zusammenfassung und theoretische Bemerkungen.

Es ist also festgestellt, daß bei den als glatte Rohre zu bezeichnenden Messing-, Kupfer-, Blei- und Glasrohren das Aehnlichkeitsgesetz gilt. λ ist nur Funktion von $\dfrac{v\,d}{\nu}$ und zwar

$$\lambda = 0{,}3164 \left(\frac{\nu}{v\,d}\right)^{0,25},$$

hat also bei zwei Rohren denselben Wert, wenn die »korrespondierenden« Geschwindigkeiten im umgekehrten Verhältnis zu den Längen stehen und direkt proportional sind zu den zu verschiedenen Temperaturen gehörigen Werten der Reibungszahl ν. Der Einfluß der Temperatur wird also dadurch wiedergegeben, daß höherer Temperatur ein kleineres ν entspricht, dadurch wird der berechnete Abszissenwert $\dfrac{v\,d}{\nu}$ größer, und das dabei abzulesende λ ist kleiner. In derselben Weise, durch den Wert von ν, kommen die Unterschiede zwischen verschiedenen Flüssigkeiten zum Ausdruck (Absatz 11). Bei rauhen Rohren ist das theoretische Gesetz sinngemäß zu erweitern. Die vorliegenden Beobachtungen führen noch nicht zu vollständiger Festlegung der hier maßgebenden Kurvenschar (Absatz 18).

Es ist nun auch der umgekehrte Schluß gerechtfertigt (s. Absatz 9), daß das Zusammenfallen der von verschiedenen Durchmessern stammenden Kurven ein Zeichen dafür ist, daß der Vorgang nur von der inneren Reibung und nicht vom Rauhigkeitszustand der Wandung abhängt. Die in Zahlentafel 1 und auf den meisten Abbildungen angegebenen Kurven stellen hiernach den Grenzfall »Rauhigkeit null« mit ausreichender Annäherung dar; ein geringerer Widerstand bei gleichem Wert $\dfrac{v\,d}{\nu}$ ist nicht möglich.

Ferner läßt sich nach Absatz 4) der Schluß ziehen, daß der aus der laminaren Strömung gewonnene Beiwert ν auch für turbulente Strömung maßgebend ist[1]. Das Gesetz für die Reibungskraft bleibt auch bei veränderlicher Bewegung für die Raumelemente gültig, auf die sich die Eulerschen Grundgleichungen beziehen; und das Gesetz für den Gesamtwiderstand ändert sich nur deswegen, weil die Anordnung der Strömung anders wird. Das Aehnlichkeitsgesetz ist eben gerade dadurch wichtig, daß es eine Aussage über die turbulente Strömung gestattet, zu deren vollständigen Durchrechnung, d. i. Integration der Eulerschen Gleichungen, die mathematischen Hülfsmittel zurzeit versagen.

Zu der vielumstrittenen Frage, ob die Geschwindigkeiten am Rande genau auf null herabgehen, oder, wie es die Messungen wahrscheinlich machen, auf etwa die Hälfte der Geschwindigkeit in der Mitte (Biel, Mitt. üb. Forschungsarbeit. 44 S. 26) gibt die folgende Rechnung einige Aufklärung: Durch die in Absatz 13) erwähnten Reynoldsschen Versuche ist die Vorstellung begründet, daß der Ueber-

---

[1] v. Karman, Phys. Ztschr. 1909.

gang zur veränderlichen Strömung auf Unstetigkeit der laminaren Strömung beruht und deswegen bei weiteren Rohren eher eintritt als bei engen, bei denen das Wasser durch die Wandung besser in geraden Bahnen geführt wird. Man wird also die zeitlich veränderlichen Wirbel in der Mitte des Rohres zu suchen haben, während am Rande die Bahnen sich immer mehr der geraden Linie der Wandung anschmiegen müssen. Es wird also eine Grenzschicht vorhanden sein, in der die Stromlinien parallel und unveränderlich sind. Wenn wir nun vorläufig von der Annahme ausgehen, daß v am Rande null wird, Abb. 18,

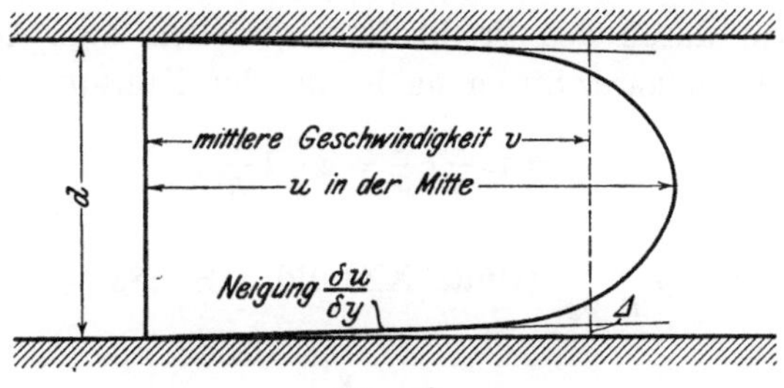

Abb. 18.

so können wir die Dicke der Grenzschicht berechnen aus der Ueberlegung, daß die Neigung $\frac{\partial u}{\partial y}$ am Rande die Reibungsschubkraft (Absatz 4) bestimmt. Diese in der Grenzschicht am ganzen Umfang πd wirkende Kraft muß nun im Gleichgewicht sein mit dem auf der Fläche $\frac{\pi d^2}{4}$ lastenden Druckgefälle:

$$\mu \frac{\partial u}{\partial y} \pi dl = \lambda \gamma \frac{l v^2}{d\, 2 g} \frac{\pi d^2}{4}.$$

Ein Maß für die Dicke der Grenzschicht finden wir in dem Abstand $\varDelta$, in dem die Tangente des Geschwindigkeitsprofiles die mittlere Geschwindigkeit schneidet, so daß in obiger Formel

$$\frac{\partial u}{\partial y} = \frac{v}{\varDelta}$$

zu setzen ist. Die Auflösung nach $\varDelta$ ergibt

$$\varDelta = \frac{8 g \mu}{\lambda \gamma v}$$

oder mit Einführung von $\nu = \frac{g \mu}{\gamma}$:

$$\frac{\varDelta}{d} = \frac{8}{\lambda} \frac{\nu}{v d}.$$

Auch dieses Verhältnis $\frac{\varDelta}{d}$ hängt nur von dem Werte $\frac{v d}{\nu}$ ab, bei dem sich ja in der Tat alles ähnlich verhalten sollte. Bei $\frac{v d}{\nu} = 10000$, also nicht weit vom Uebergang ergibt sich mit dem Werte $\lambda = 0{,}032$ aus der Formel $\frac{\varDelta}{d}$ zu $^1/_{40}$; für $\frac{v d}{\nu} = 100000$, $\lambda = 0{,}018$ folgt $\frac{\varDelta}{d} = ^1/_{225}$. Die Grenzschichten werden deswegen so dünn, weil ein sehr großes Druckgefälle durch die innere Reibung der Grenzschicht im Gleichgewicht gehalten werden muß. Es ist hiernach erklärlich, daß die Messungen des Geschwindigkeitsprofils diesen Abfall der Kurve nicht erreicht haben, und deshalb ist aus den Messungen kein Grund gegen die Annahme zu entnehmen, daß an der Wand selbst die Geschwindigkeit auf null herabgeht: eine Grenzbedingung, die sonst durch die Versuche bei laminarer Strömung wohl begründet ist.

Das Bestreben der Verfasser der bisherigen Interpolationsformeln geht gewöhnlich dahin, eine Formel aufzustellen, die möglichst für alle Rohrquerschnittformen gilt, wobei die Form nur durch das Verhältnis Fläche: Umfang = Profilhalbmesser R, für Kreisform $R = \dfrac{d}{4}$, vertreten ist. Für praktische Zwecke ist dies Bestreben natürlich zu billigen, theoretisch muß man zunächst fragen, ob eine so allgemeine Formel auch möglich ist, ob mit anderen Worten der Einfluß der Querschnittform durch den Profilhalbmesser allein zum Ausdruck gebracht werden kann. Bei laminarer Strömung ist für den Kreisquerschnitt (Absatz 10)

$$h = 32\,\frac{\nu}{g}\,l\,\frac{v}{d^2} = 2\,\frac{\nu}{g}\,l\,\frac{v}{R^2}\,,$$

Interpolationsformel:

$$h = \varrho\,\frac{l}{R}\,\frac{v^2}{2g}\ \text{(Hütte XXI Bd. 1 S. 288),}$$

also:

$$\varrho = 4\,\frac{\nu}{v\,R}\,.$$

Für den unendlich breiten Kanal der Tiefe T ist bei dagegen

$$h = 3\,\frac{\nu}{g}\,l\,\frac{v}{T^2}\,,\ T = R,$$

$$\varrho = 6\,\frac{\nu}{v\,R}\,.$$

Hier sind also die Formeln für ϱ tatsächlich verschieden. Bei turbulenter Strömung sind allerdings wegen der dünnen Grenzschichten bessere Aussichten auf angenäherte Uebereinstimmung vorhanden.

Oberflächenreibung an dünnen Platten.

20) Vorhandene Versuche und das Aehnlichkeitsgesetz.

Ueber die Oberflächenreibung, die für die Berechnung des Reibungswiderstandes von Schiffen wichtig ist, sind die ersten Versuche von Froude gemacht. Eine dünne Holzplatte mit möglichst glatter Oberfläche wurde in Richtung ihrer Ebene durchs Wasser geschleppt und der Widerstand gemessen. Die Versuche wurden dann u. a. von Gebers[1]) wieder aufgenommen. Letztere mit großer Sorgfalt durchgeführten Versuche liegen meinen unten folgenden Rechnungen zugrunde.

Da die Platte so dünn wie möglich gewählt wurde, so war ein Wellenwiderstand so gut wie ausgeschlossen, es war ein reiner Reibungsvorgang, auf den daher obiges Aehnlichkeitsgesetz Anwendung findet.

Froude und seine Nachfolger interpolieren den Widerstand in der Form:

$$W = \lambda\,\gamma\,F\,v^{\varkappa}\,,$$

wobei F die Größe der bespülten Fläche und λ und $\varkappa$ Konstanten sind, die von der Länge der Fläche abhängen. Bei Froude ist $\varkappa = 1{,}825$, seine Angaben für λ kann man durch $\lambda = \dfrac{0{,}2132}{l^{0{,}128}}$ interpolieren. Wir wollen uns hier zunächst noch nicht für eine bestimmte Form der Interpolationsformel entscheiden, sondern

---

[1]) Gebers, Ein Beitrag zur experimentellen Ermittlung des Widerstandes gegen bewegte Körper. 1908. Verlag des »Schiffbau«.

nur den Ansatz machen, der durch das Aehnlichkeitsgesetz festgelegt ist. Wir
schreiben:

$$W = \varkappa\, \gamma\, F\, \frac{v^2}{2\,g}.$$

Bei unveränderlichem $\varkappa$ ist hiernach, wie in Absatz 5), der Widerstand auf
die Flächeneinheit dem Quadrat der Geschwindigkeit und der Masse $\frac{\gamma}{g}$ proportional $\left(f_p = \frac{f_\gamma}{f_g}\, f_v{}^2!\right)$. Dies ist aber nach Absatz 5) nur dann der Fall, wenn
$\frac{f_v\, f_l}{f_\nu} = 1$ ist, woraus dann zu schließen ist, daß der Beiwert $\varkappa$ nur Funktion von
$\frac{v\, l}{\nu}$ ist.

$$\varkappa = \varkappa\left(\frac{v\, l}{\nu}\right),$$

$$W = \varkappa\left(\frac{v\, l}{\nu}\right) \gamma\, F\, \frac{v^2}{2\,g}.$$

Für den Beharrungszustand (laminare Strömung) ist theoretisch [1]:

$$W = 1{,}327\, b\, \sqrt{\mu\, \frac{\gamma}{g}\, l\, v^3},$$

wenn b die Breite und l die Länge bedeutet. Es ist dann zu setzen $F = 2\, b\, l$
und daher

$$W = 1{,}327\, \sqrt{\frac{\nu}{v\, l}}\, \gamma\, F\, \frac{v^2}{2\,g},$$

$$\varkappa = 1{,}327\, \sqrt{\frac{\nu}{v\, l}}$$

in Uebereinstimmung mit dem Aehnlichkeitsgesetz. Die vorhandenen Messungen
beziehen sich durchweg auf den Fall der veränderlichen turbulenten Strömung,
wo diese Formel keine Anwendung findet.

21) Auftragung der Versuche.

Die Geberschen Versuche sind an Platten von den Längen 6,52 m bis 0,60 m
ausgeführt, die, um die Wellenbildung nach Möglichkeit zu verhindern, an
beiden Enden in Messingschneiden ausliefen. Sie waren mit geschliffenem Lack-
farbenanstrich versehen. Da sich nachträglich ergab, daß die glatte Oberfläche
der Messingschneiden geringeren Widerstand hatte als eine gleich große Platte
mit Anstrich, so wurden die Beobachtungen an allen Platten um den gefundenen
Unterschied berichtigt. Den nachfolgenden Untersuchungen sind diese berich-
tigten Zahlen zugrunde gelegt, die aus Fig. XI Zahlentafel 3 der Geberschen
Arbeit abgegriffen sind. Aus den abgegriffenen Punkten wurde $\varkappa$ als Ordinate
für Abb. 19, S. 39, berechnet. Als Abszisse müßte $\frac{v\,l}{\nu}$ aufgetragen werden. Da
aber bei den Versuchen die Angabe der Temperatur fehlt, und jedenfalls nicht
Versuche bei verschiedener Temperatur vorliegen, so habe ich zunächst nur $v\,l$
in m²/sk aufgetragen. Abb. 19 ist also in dieser Beziehung nicht vollkommen.

Der Temperatur von 10° C, die nach mündlicher Mitteilung ungefähr zu-
trifft, entspricht $\nu = 1{,}31 \cdot 10^{-6}$ m²/sk. Hiernach ist die in Abb. 19 eingezeichnete
Achse für $\frac{v\,l}{\nu}$ geteilt. Ferner ist links ein Stück der theoretischen Kurve für

---

[1] Blasius, Grenzschichten in Flüssigkeiten mit kleiner Reibung. Zeitschrift für Math. u.
Physik Bd. 56 (1908) S. 13.

laminare Strömung eingetragen. Die aus den Gebersschen Versuchen berechneten Punkte für die Platten verschiedener Länge sind durch verschiedene Signaturen gekennzeichnet. Die mit der Platte von 60 cm Länge erhaltenen Punkte scheinen gerade den Uebergangszustand darzustellen, hier steigt $\varkappa$ mit vl. Die Grenzgeschwindigkeit ist nicht erreicht. Auch hier bilden die Beobachtungen an allen Platten eine Kurve, soweit es die schon in den Punkten derselben Platte erkennbare Streuung zuläßt. Dadurch ist das Aehnlichkeitsgesetz bestätigt: $\varkappa$ ist bei derselben Temperatur Funktion von vl allein.

22) Interpolationsformeln.

Auch hier läßt das Aehnlichkeitsgesetz unbestimmt, nach welcher Funktion K von $\frac{vl}{\nu}$ abhängt. Durch einen Ansatz der Form $a + \frac{b}{(vl)^n}$ mit drei unbestimmten Konstanten a, b, n erhielt ich die Formel:

$$\varkappa = 0{,}00126 + \frac{0{,}00282}{\sqrt[4]{vl}},$$

die in Abb. 19 eingezeichnet ist. Aber auch schon eine einfache Potenzformel:

$$\varkappa = \frac{0{,}00390}{(vl)^{0,136}}$$

leistet ebensoviel, wie die andere Kurve der Abbildung zeigt. Man sieht daraus, daß die vorliegenden Beobachtungen keineswegs eine endgültige Entscheidung über die Form der Interpolation gestatten, soweit diese nicht durch das Aehnlichkeitsgesetz festgelegt ist.

Die beiden gegebenen Formeln sind insofern nicht schulgemäß, als die Beiwerte keine reinen Zahlen sind und nicht für ein beliebiges Maßsystem gelten, vielmehr müssen v und l in Metern gemessen werden. Man erreicht dies erst durch Einführung von ν, für das wir $1{,}31 \cdot 10^{-6}$ m²/sk annehmen wollten. Die Potenzformel wird dadurch:

$$\varkappa = 0{,}0246 \left(\frac{\nu}{vl}\right)^{0,136},$$

$$W = \varkappa \, \gamma \, F \frac{v^2}{2g} = \frac{0{,}0123 \, \nu^{0,136}}{g \, l^{0,136}} \, \gamma \, F v^{1,864}$$

oder ohne die Konstanten ν und g, für 10^0 C, Maße in Metern:

$$W = \frac{0{,}200}{l^{0,136}} \, \frac{\gamma}{1000} \, F v^{1,864}.$$

Daß die Exponenten von v und l in der Summe gerade 2 ergeben, ist Folge des Aehnlichkeitsgesetzes. Für höhere Temperaturen wird der Beiwert $0{,}200$ kleiner, und zwar im Verhältnis der $0{,}136$. Potenz des Reibungskoeffizienten ν.

23) Versuche über die laminare Strömung.

Die vorhandenen Versuche reichen nicht zu so kleinen Werten von $\frac{vl}{\nu}$ herunter, daß die Kurve der laminaren Strömung von Abb. 19 Versuchspunkte enthielte. Um diese zu bekommen, muß man möglichst kurze Platten bei geringen Geschwindigkeiten fahren. Um hierbei die benetzte Fläche und damit die Widerstände von bequem meßbarer Größe zu erhalten, muß die Fläche eine möglichst große Breite quer zur Fahrtrichtung erhalten. Ich hatte an der Versuchsanstalt Gelegenheit, eine Messingplatte von $l = 51$ cm Länge in der

Fahrtrichtung, einer benetzten Breite von 153,4 bezw. 123,5 cm und 0,9 mm Stärke zu schleppen. Um ein Pendeln des Bleches zu verhüten, war es als Kreisbogen gekrümmt und außerhalb des Wassers an beiden Enden eingespannt. Einen Einfluß auf den Widerstand dürfte diese Krümmung kaum haben, da die Grenzschichten, in denen sich der Vorgang abspielt, nur wenige Millimeter dick sind. Die Messungen wurden mit den von Dr. Gebers entworfenen Meßgeräten der Versuchsanstalt ausgeführt und erstreckten sich von rd. 20 cm/sk bis zu Geschwindigkeiten von 2 und 3 m/sk. Bei höheren Geschwindigkeiten kippte der mittlere Teil der Platte plötzlich nach oben aus. Für solche Geschwindigkeiten müßte man also kleinere Breiten oder stärkeres Blech nehmen, letzteres ist allerdings wegen des dann auftretenden Formwiderstandes nicht zu empfehlen.

Die Ergebnisse sind in Abb. 20, S. 39, so dargestellt, daß $\varkappa$ als Funktion von $\frac{v\,l}{\nu}$ aufgetragen ist. Die Temperatur war rd. 9° C, also $\nu = 0{,}0134$ cm²/sk. In einer besonderen Teilung sind noch die Geschwindigkeiten selbst (unter Rücksicht auf $l = 51$ cm) eingetragen. Die ausgezogene Kurve zeigt die theoretische Formel für laminare Strömung (s. Absatz 20):

$$\varkappa = 1{,}327\ \sqrt{\frac{\nu}{v\,l}}.$$

Soweit die Versuchspunkte sich ihrem Verlauf anschließen, liegen sie etwa 10 bis 20 vH zu hoch. Zu erklären ist diese Abweichung durch Formwiderstand, und zwar müßte die Hauptspantfläche, Dicke mal Breite, mit einem Druck von rd. $0{,}4\ \frac{\gamma\,v^2}{2\,g}$ belastet gewesen sein, um diese Abweichung zu erklären. Dies ist ziemlich viel, aber nicht unmöglich, da Wellenbildung auf dem Wasser deutlich zu erkennen war; auch war das Blech durchaus nicht genau eben. Die am weitesten links liegenden Punkte sind nicht zuverlässig, da hier der Widerstand nur wenige Gramm betrug. Die vier höchsten Punkte sind wohl schon durch das Auskippen beeinflußt.

Die kritische Geschwindigkeit liegt etwa bei $\frac{v\,l}{\nu} = 450\,000$, von hier an steigt $\varkappa$ wieder. Von den Gebersschen Versuchen ist eingetragen die Kurve für turbulente Strömung und gestrichelt der Teil des Uebergangszustandes, den die Platte von 0,60 m Länge darstellt. Auch letztere zielt etwa auf $\frac{v\,l}{\nu} = 450\,000$ der laminaren Kurve hin, also auf denselben kritischen Wert. Auch über dieser gemessenen Uebergangskurve liegen die Versuchspunkte um 10 bis 15 vH höher, ebenso wie über der theoretischen laminaren Kurve und würden daher wohl auch noch für höhere Geschwindigkeiten um ebensoviel über die andere Kurve hinausgehen. Das endgültige Einlenken in die Kurve für $\varkappa$ bei turbulenter Strömung wird dann nach Abb. 19 erst etwa bei $\frac{v\,l}{\nu} = 2\,500\,000$ erfolgen. Auch hier hat der Uebergangszustand eine gewisse Breite, ebenso wie beim Druckverlust in Rohren $\left(\frac{v\,d}{\nu} = 2000 \text{ bis } 3000\right)$.

24) Zusammenfassung.

Das in der Einleitung aus den hydrodynamischen Grundgleichungen abgeleitete Aehnlichkeitsgesetz ist für den Druckverlust in Rohren (vergl. Absatz 19) und für den Reibungswiderstand von Platten durch Versuche bestätigt. Hierdurch ist einerseits die zugrunde gelegte Form des Reibungsgesetzes bestätigt; anderseits ist die Abhängigkeit der hydraulischen Beiwerte von der Geschwindigkeit, den absoluten Maßen und der Temperatur in eine derartige Beziehung zueinander gebracht, daß aus der Eichung der Abhängigkeit von einer dieser Größen sich die Abhängigkeit von den beiden anderen ohne weiteres schließen läßt. Diese Beziehung muß im Ansatz von Interpolationsformeln von vornherein berücksichtigt werden. Es wird dadurch die Einführung von ν in alle Formeln notwendig, in denen die Veränderlichkeit der Beiwerte, also die Abweichung vom v^2-Gesetz berücksichtigt wird; die hydraulischen Beiwerte sind bei Reibungsvorgängen eben nur Funktionen von $\dfrac{v\,l}{\nu}$ bezw. $\dfrac{v\,d}{\nu}$. Als selbständige Veränderliche treten außerdem nur noch Längenverhältnisse und die Rauhigkeit in ihrem Verhältnis zu den absoluten Maßen auf. Zur Bestimmung dieser Funktionen ist Versuchsmaterial zusammengetragen.

Meine eigenen Versuche wurden an der Versuchsanstalt für Wasserbau und Schiffbau zu Berlin ausgeführt. Dem Leiter derselben, Hrn. Regierungsrat Krey, schulde ich besonderen Dank für die Freundlichkeit, mit der er die Hülfsmittel der Versuchsanstalt für meine Untersuchungen zur Verfügung gestellt hat.

Zahlentafeln.

Zahlentafel 1. Werte von λ.

$\dfrac{vd}{\nu}$	beobachtet: Saph-Schoder			verbesserte Formel von Saph-Schoder $0{,}3164 \cdot \left(\dfrac{\nu}{vd}\right)^{0{,}25}$	Lang $0{,}014 + \dfrac{1{,}8}{\sqrt{\dfrac{vd}{\nu} - 2000}}$
	untere Grenze	Mittel	obere Grenze		
3 000	0,0410	0,0418	0,0426	0,0428	0,0710
5 000	0,0370	0,0378	0,0386	0,0376	0,0469
7 000	0,0342	0,0349	0,0356	0,0346	0,0395
10 000	0,0315	0,0321	0,0327	0,0316	0,0341
15 000	0,0283	0,0288	0,0293	0,0286	0,0298
20 000	0,0262	0,0266	0,0270	0,0266	0,0274
25 000	0,0247	0,0251	0,0255	0,0252	0,0258
30 000	0,0236	0,0240	0,0244	0,0240$_5$	0,0247
40 000	0,0220	0,0224	0,0228	0,0224	0,0232
50 000	0,0209	0,0212	0,0215	0,0212	0,0222
60 000	0,0199	0,0202	0,0205	0,0202	0,0215
70 000	0,0193	0,0195	0,0197	0,0194$_5$	0,0209
80 000		0,0190		0,0188	0,0205
90 000		0,0185		0,0183	0,0201
100 000		0,0179		0,0178	0,0197
125 000				0,0168	0,0191
150 000				0,0161	0,0187
175 000				0,0155	0,0183
200 000				0,0149	0,0180
225 000				0,0145	0,0178
250 000				0,0141	0,0176
500 000				0,0119	0,0166
750 000				0,0108	0,0161
1 000 000				0,0100	0,0158

Zahlentafel 2. Versuche von Nusselt mit Druckluft.

Durchmesser 2,201 cm, Querschnitt 3,805 qcm, γ bei 15° C und 1 kg/cm² ist 1,188 kg/m³.

Nr.	Druck p	sp. G. γ	Gefälle $-\dfrac{\partial p}{\partial x}$	$-\dfrac{1}{\gamma}\cdot\dfrac{\partial p}{\partial x}$	v	Temp.	ν für 1 $\dfrac{kg}{cm^2}$	für p	$\dfrac{vd}{\nu}$	λ	λ_B	λ_R
	$\dfrac{kg}{cm^2}$	$\dfrac{kg}{m^3}$	$\dfrac{kg}{m^3}$	1	$\dfrac{cm}{sek}$	^{0} C	$\dfrac{cm^2}{sek}$	$\dfrac{cm^2}{sek}$	1	1	10^{-6}	1
1	1,055	1,246	1,655	1,328	406	16,1	0,157	0,149	6 000	0,0349	6,90	0,0349
2	1,055	1,247	3,936	3,156	669	16,0	0,157	0,149	9 900	0,0305	16,4	0,0305
3	1,053	1,239	7,773	6,273	982	17,9	0,159	0,151	14 300	0,0280	32,5	0,0280
4	1,055	1,251	11,36	9,08	1216	15,0	0,155	0,147	18 200	0,0266	47,5	0,0266
5	1,093	1,298	22,9	17,65	1733	14,6	0,155	0,142	26 800	0,02545	92,2	0,0254
6	1,138	1,356	36,6	27,00	2222	13,0	0,153	0,134	36 500	0,02365	142,—	0,0235
7	1,273	1,517	69,9	46,09	3115	13,5	0,154	0,121	56 800	0,0206	242,—	0,0204
8	1,391	1,663	98,5	59,26	3598	12,8	0,153	0,110	72 000	0,0198	312,—	0,0195
9	1,848	2,217	172,4	77,84	4350	11,5	0,151	0,0818	117 000	0,0178	411,—	0,0174
10	2,205	2,638	222,9	84,50	4650	13,2	0,153	0,0694	147 000	0,0169	445,—	0,0165

Zahlentafel 3. Maße des Bleirohrs.

Mittel für	Querschnitt	Durchmesser	Meßlänge
Strecke $A\,B$	0,177 cm²	0,475 cm	9,93 cm
» $B\,C$	0,186 »	0,486 »	25,0 »
» $C\,D$	0,183 »	0,483 »	100,0 »
bei den höheren Temperaturen:			
$A\,B$	0,178 cm²	0,476 cm	9,95 cm
$B\,C$	0,187 »	0,487 »	25,05 »
$C\,D$	0,184 »	0,484 »	100,19 »

Zahlentafel 4.
Bleirohr.

Meßstrecke $C\,D$, entfernt vom Eintritt des Wassers.

Durchmesser 0,483 cm ⎫
Querschnitt 0,183 cm² ⎬ bei normaler Temperatur
Meßlänge   100 cm ⎭ von 10 bis 15⁰ C.

Versuchsreihe III und VIII Wasserleitung. Quecksilbermanometer.

Nr.	Gefälle	v	ν	$\dfrac{v\,d}{\nu}$	λ
	1	cm/sk	cm²/sk	1	1
29	0,649	128,3	0,0131	4700	0,0373
30	1,248	183,8	0,0132	6700	0,0351
31	1,890	232,0	»	8500	0,0334
32	2,60	278,5	0,0135	10000	0,0318
33	3,29	319,5	»	11400	0,0305
34	4,50	382,0	»	13700	0,0293
35	5,40	424,0	»	15200	0,0285
36	6,13	454,0	0,0136	16100	0,0283
37	6,84	482,0	»	17200	0,0280
38	7,37	505,0	»	18000	0,0274
39	⎰3,79	344,0	»	12200	0,0304
	⎱3,69	»	»	»	0,0296
111	1,562	209,2	0,0130	7800	0,0340
112	1,570	211,0	»	7900	0,0335
113	2,055	244,0	0,0132	8900	0,0328
114	2,70	286,0	0,0134	10300	0,0314
115	3,25	320,0	0,0135	11500	0,0301
116	3,62	338,0	»	12100	0,0301
117	4,34	374,0	»	13400	0,0294
118	5,33	421,0	»	15100	0,0285
119	6,31	466,0	»	16700	0,0276
120	7,62	517,0	»	18500	0,0270
121	9,10	571,0	»	20500	0,0265
122	10,42	617,0	»	22000	0,0260
123	11,78	659,0	»	23600	0,0257
124	10,50	620,0	»	22200	0,0259
125	10,54	620,0	0,0134	22400	0,0260
126	7,92	528,0	»	19000	0,0270
127	3,05	308,0	»	11100	0,0305

Zahlentafel 4. (Fortsetzung.)

Versuchsreihe V und VI Wasser aus Gefäß. Wassermanometer

Nr.	Gefälle	v	ν	$\dfrac{vd}{\nu}$	λ
	I	cm/sk	cm²/sk	I	I
71	0,947	156,7	0,0126	6000	0,0366
72	0,9365	158,0	»	6100	0,0355
73	0,922	157,8	»	6100	0,0351
74	0,905	154,1	»	5900	0,0361
75	0,665	129,0	»	5000	0,0379
76	0,571	118,4	»	4500	0,0386
77	0,4145	98,1	»	3800	0,0408
78	0,335	87,8	»	3400	0,0412
79	0,273	79,3	»	3000	0,0412
80	0,192	66,5	»	2550	0,0412
81	0,129	58,3	»	2240	0,0360
82	0,0985	51,3	»	1970	0,0355
83	0,0698	38,8	»	1490	0,0440
84	0,9852	161,8	0,0127	6200	0,0357
85	0,975	161,5	»	6200	0,0355
86	0,9685	160,0	»	6100	0,0359
87	0,9325	156,9	»	6000	0,0360
88	0,802	143,0	»	5400	0,0373
89	0,657	127,8	»	4900	0,0380
90	0,5172	112,7	»	4300	0,0385
91	0,411	99,9	0,0125	3900	0,0390
92	0,3485	96,7	»	3700	0,0353
93	0,3065	89,4	0,0124	3500	0,0364
94	0,1592	75,7	»	2940	0,0263
95	0,1275	64,5	»	2510	0,0290
96	0,0655	37,2	»	1450	0,0449
97	0,0432	24,6	»	960	0,0678

Versuchsreihe VII Wasser aus Ofen rd. 80°, 1 kg Wasser = 1029 cm³.

Durchmesser 0,484 cm, Querschnitt 0,184 cm²; Meßlänge 100,19 cm.

Die Höhenunterschiede sind in kaltem Wasser abgelesen, daher mit 1,029/100,19 multipliziert, um das Gefälle zu erhalten.

Nr.	Gefälle	v	ν	$\dfrac{vd}{\nu}$	λ
98	0,880	177,7	0,00400	21500	0,0265
99	0,860	174,0	0,00395	21300	0,0270
100	0,835	166,0	0,00380	21100	0,0288
101	0,779	165,7	0,00370	21700	0,0270
102	0,763	164,1	»	21500	0,0270
103	0,660	150,2	»	19600	0,0278
104	0,541	133,6	»	17400	0,0288
105	0,405	107,0	0,00375	13800	0,0336
106	0,292	93,0	0,00385	11700	0,0320
107	0,2025	75,9	0,00380	9700	0,0334
108	0,121	55,7	0,00395	6800	0,0370
109	0,788	168,3	0,00370	22100	0,0264
110	0,453	119,0	»	15600	0,0303

Zahlentafel 5. Bleirohr.

Meßstrecke DC nahe dem Eintritt des Wassers.

Durchmesser 0,483 cm
Querschnitt 0,183 cm² } bei normaler Temperatur
Meßlänge 100,0 cm (wie CD.)

Versuchsreihe XI Wasserleitung. Quecksilbermanometer.

Nr.	Gefälle	v	ν	$\dfrac{vd}{\nu}$	λ
	I	cm/sk	cm²/sk	I	I
157	0,202	87,2	0,0119	3550	0,0252
158	0,403	112,7	0,0120	4540	0,0301
159	0,720	141,8	0,0121	5700	0,0340
160	1,114	176,7	0,0124	6900	0,0340
161	1,155	177,2	0,0125	6900	0,0349
162	1,966	235,3	0,0127	9000	0,0338
163	2,260	255,2	0,0127	9700	0,0330
164	3,140	306,8	0,0128	11600	0,0316
165	4,35	372,0	0,0130	13800	0,0298
166	4,42	372,0	0,0131	13700	0,0304
167	5,40	416,0	0,0130	15500	0,0296
168	8,04	525,0	0,0131	19400	0,0277
169	11,50	647,0	0,0127	24500	0,0260
170	9,59	582,0	0,0129	21800	0,0268
171	8,46	544,0	0,0129	20400	0,0271
172	7,14	492,0	0,0130	18300	0,0280
173	11,49	646,0	0,0128	24400	0,0261

Versuchsreihe XII Wasser aus Gefäß. Wassermanometer.

Nr.	Gefälle	v	ν	$\dfrac{vd}{\nu}$	λ
174	1,0665	169,0	0,0117	7000	0,0355
175	1,051	168,8	»	7000	0,0350
176	0,9465	159,0	»	6600	0,0355
177	0,8363	149,6	»	6200	0,0355
178	0,7453	140,0	»	5800	0,0360
179	0,6227	127,0	»	5200	0,0366
180	0,4985	113,3	»	4700	0,0368
181	0,4047	100,0	»	4100	0,0383
182	0,2930	84,6	»	3500	0,0389
183	0,1920	71,4	»	2950	0,0357
184	0,1405	69,8	»	2880	0,0274
185	0,1013	55,0	»	2270	0,0318
186	0,0657	37,4	»	1540	0,0445
187	0,1447	69,3	»	2860	0,0286

Versuchsreihe XIII
Wasser aus Ofen rd. 78° 1 kg Wasser = 1028 cm³, vergl. VII.

Durchmesser 0,484 cm, Querschnitt 0,184 cm², Meßlänge 100,19 cm.

e Höhenunterschiede sind mit 1,028/100,19 multipliziert, um das Gefälle zu erhalten.

Nr.	Gefälle	v	ν	$\dfrac{vd}{\nu}$	λ
188	1,030	189,0	0,0040	22900	0,0274
189	1,006	187,3	0,0039	23200	0,0272
190	0,993	186,1	0,0038	23700	0,0273
191	0,880	174,3	»	22200	0,0275
192	0,793	165,5	0,0037	21600	0,0275
193	0,692	154,3	»	20200	0,0276
194	0,578	138,9	»	18200	0,0284
195	0,454	119,7	0,0038	15200	0,0301
196	0,306	95,8	»	12200	0,0316
197	0,2135	77,4	0,0039	9600	0,0338
198	0,1202	54,6	0,0040	6600	0,0383
199	0,0866	46,4	0,0042	5350	0,0381
200	0,916	178,7	0,0038	22800	0,0273
201	0,440	118,0	»	15000	0,0300

Zahlentafel 6. Glasrohr.

Durchflußrichtung *A—B* (erweitert), Durchmesser 0,9871 cm, Querschnitt 0,7653 cm²,
Meßlänge 49,97 cm, Eintrittslänge ∞ 51 cm.

Nr.	Gefälle	v	ν	$\dfrac{v\,d}{\nu}$	λ	
	I	cm/sk	cm²/sk	I	I	
1	0,844	253,0	0,0121	20600	0,0255	18/10
2	0,476	181,5	»	14800	0,0280	
3	0,272	132,0	0,0120	10800	0,0302	
4	1,198	414,0	0,0121	33700	0,0224	
5	2,352	454,0	»	37000	0,0222	schwankend 19/10
6	2,740	499,0	»	40600	0,0213	
7	2,830	508,0	»	41400	0,0213	
8	2,466	470,5	»	38400	0,0216	
9	2,070	425,2	»	34600	0,0222	
10	1,647	371,0	»	30300	0,0232	
11	1,367	336,0	»	27400	0,0235	
12	1,049	288,7	»	23500	0,0244	
13	0,781	241,7	»	19700	0,0260	
14	0,518	191,0	»	15600	0,0275	
15	0,324	145,7	»	11850	0,0296	
16	0,202	110,8	»	9020	0,0319	
17	0,147	92,8	»	7570	0,0330	
18	0,096	71,6	»	5820	0,0363	
19	0,061	55,1	0,0120	4530	0,0389	
52	2,480	470,0	0,0123	37700	0,0217	zuletzt schwankend 23/10
53	4,720	677,0	0,0122	54700	0,01995	
54	7,430	878,0	»	70900	0,0187	
55	8,310	935,0	0,0122	75700	0,0184	stark schwankend
56	8,310	936,0	»	75800	0,0184	gut
57	6,710	827,0	»	66800	0,0190	
58	5,365	728,0	»	58900	0,0196	
59	4,600	672,0	»	54300	0,0197	vergl. 62
60	3,325	558,0	»	45100	0,0207	
61	2,090	426,5	»	34500	0,0225	
62	4,670	674,0	»	54500	0,0199	für 59 u. 53 zur Entscheidung
63	8,380	935,0	»	75700	0,01855	

Zahlentafel 7. Glasrohr.

Durchflußrichtung *B—A* (verengt), Durchmesser 0,9871 cm, Querschnitt 0,7653 cm²,
Meßlänge 49,97 cm, Eintrittslänge ∞ 51 cm.

Nr.	Gefälle	v	ν	$\dfrac{v\,d}{\nu}$	λ	
20	0,213	109,5	0,0122	8850	0,0344	20/10
21	0,540	188,6	0,0122	15200	0,0294	
22	0,802	235,3	0,0123	18900	0,0281	schwankend
23	1,465	331,3	0,0122	26800	0,0259	
24	2,085	407,0	0,0122	32900	0,0244	
25	2,808	485,0	0,0121	39500	0,0231	
26	2,866	487,0	0,0122	39400	0,0234	
27	2,894	492,0	0,0121	40000	0,0231	
28	2,438	445,0	»	36200	0,0238	
29	2,018	400,5	»	32600	0,0244	
30	1,565	344,7	»	28000	0,0255	
31	1,179	293,8	»	23900	0,0265	
32	0,827	240,6	0,0122	19400	0,0276	
33	0,535	186,5	»	15100	0,0298	schwankend
34	0,292	133,0	»	10740	0,0320	
35	0,208	108,1	»	8740	0,0345	
36	0,148	89,5	0,0121	7300	0,0357	
37	0,096	69,7	0,0120	5710	0,0382	
38	0,0614	54,3	»	4470	0,0404	
39	2,633	465,0	0,0123	37200	0,0235	21/10
40	3,792	571,5	0,0122	46200	0,0225	
41	5,210	681,0	»	55000	0,0218	schwankend
42	6,790	795,0	»	64200	0,0208	»
43	8,870	925,5	»	74800	0,0200	»
44	8,990	931,0	»	75200	0,02005	sehr stark schwankend
45	9,265	944,0	»	76300	0,02005	besser
46	7,770	859,0	»	69300	0,0203	
47	5,970	745,0	»	60100	0,0208	
48	4,505	635,0	»	51300	0,0216	
49	3,223	524,5	»	42500	0,0227	
50	2,040	403,5	»	32600	0,0243	
51	5,380	702,0	»	56800	0,0211	Zum Vergleich mit 41

Zahlentafel 8.

Vergleichsversuche an Glasrohr mit heißem und kaltem Wasser.

Durchmesser 0,9871 cm — (0,9875 cm bei 80°)
Querschnitt 0,7653 cm² — (0,7660 cm² bei 80°)
Meßlänge 49,97 cm — (49,99 cm bei 80°)

Nr.	Temp.	spezifisches Volumen $1/\gamma$	Druckhöhenunterschied i. kaltem Wasser	Wassermenge		Durchflußzeit	Gefälle i. Wasser von gleicher Temp.	Geschwindigkeit v	Reibungskoeffizient ν	$\dfrac{v\,d}{\nu}$	λ
⁰ C	$\dfrac{cm^3}{gr}$	cm	kg	Liter	sk	1	$\dfrac{cm}{sk}$	$\dfrac{cm^2}{sk}$	1	1	

Durchflußrichtung $A\,B$ (erweitert).

Nr.	Temp.	$1/\gamma$	Druckhöhe	kg	Liter	sk	Gefälle	v	ν	$v\,d/\nu$	λ
64	14,2	1	35,17	30	30	171,6	0,7038	228,4	0,0117	19300	0,0261
65	14,2	1	33,43	30	30	175,4	0,6690	223,5	0,0117	18800	0,0259
66	14,2	1	31,54	30	30	181,2	0,6312	216,3	0,0117	18300	0,0261
67	80,5	1,029	30,63	30	30,87	157,0	0,6305	256,7	0,0037	68500	0,0185
68	80,5	1,029	28,96	30	30,87	163,0	0,5961	247,2	0,0037	65900	0,0189
69	80,3	1,029	26,79	30	30,87	169,8	0,5514	237,3	0,0037	63300	0,0190

Durchflußrichtung $B\,A$ (verengt).

Nr.	Temp.	$1/\gamma$	Druckhöhe	kg	Liter	sk	Gefälle	v	ν	$v\,d/\nu$	λ
70	71,1	1,023	32,30	30	30,69	162,6	0,6603	246,4	0,0041	59300	0,0211
71	78,5	1,028	30,70	30	30,84	165,2	0,6313	243,7	0,0038	63300	0,0206
72	81,0	1,030	28,27	30	30,90	173,2	0,5825	232,9	0,0037	62100	0,0208
73	14,5	1	37,49	30	30	171,4	0,7503	228,7	0,0116	19500	0,0278
74	14,5	1	35,06	30	30	177,4	0,7016	221,0	0,0116	18800	0,0278
75	14,8	1	33,59	30	30	181,4	0,6722	216,1	0,0116	18400	0,0279

Abbildungen.

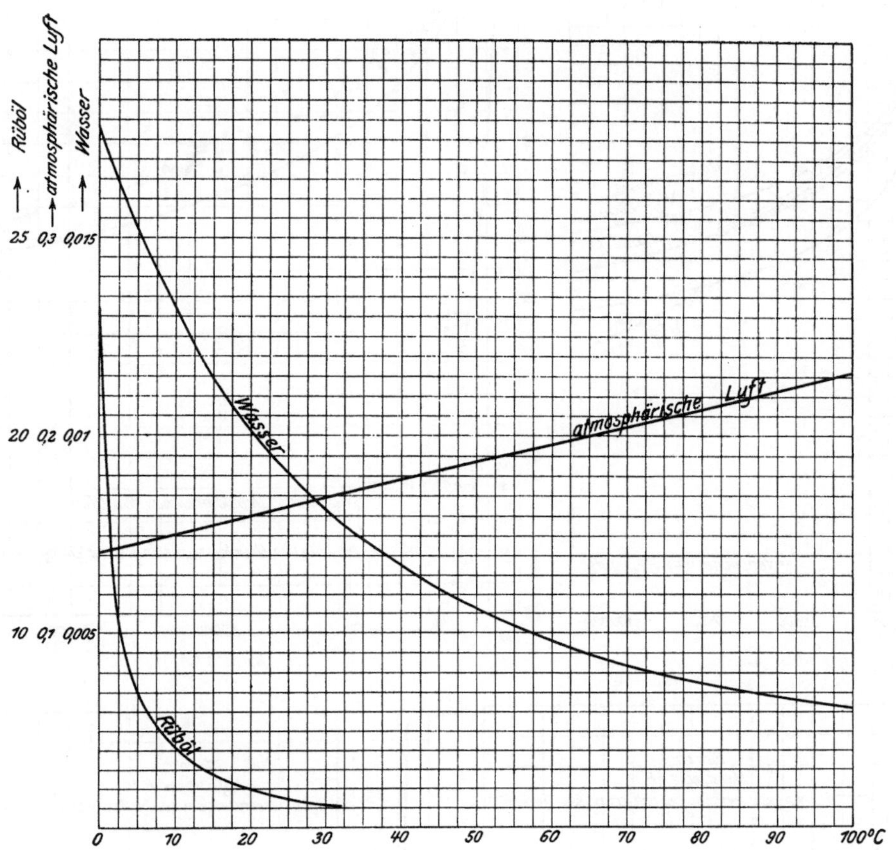

Abb. 1. Reibungskoeffizient ν in cm²/sk für Rüböl, Luft beim Druck von 1 kg/cm² und Wasser.

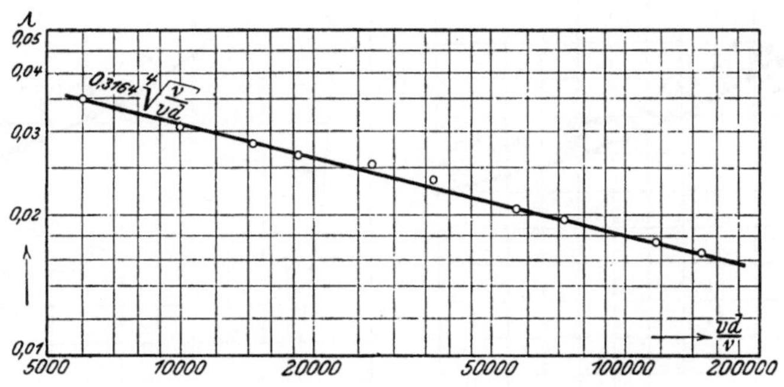

Abb. 3. Versuche von Nusselt mit Druckluft.

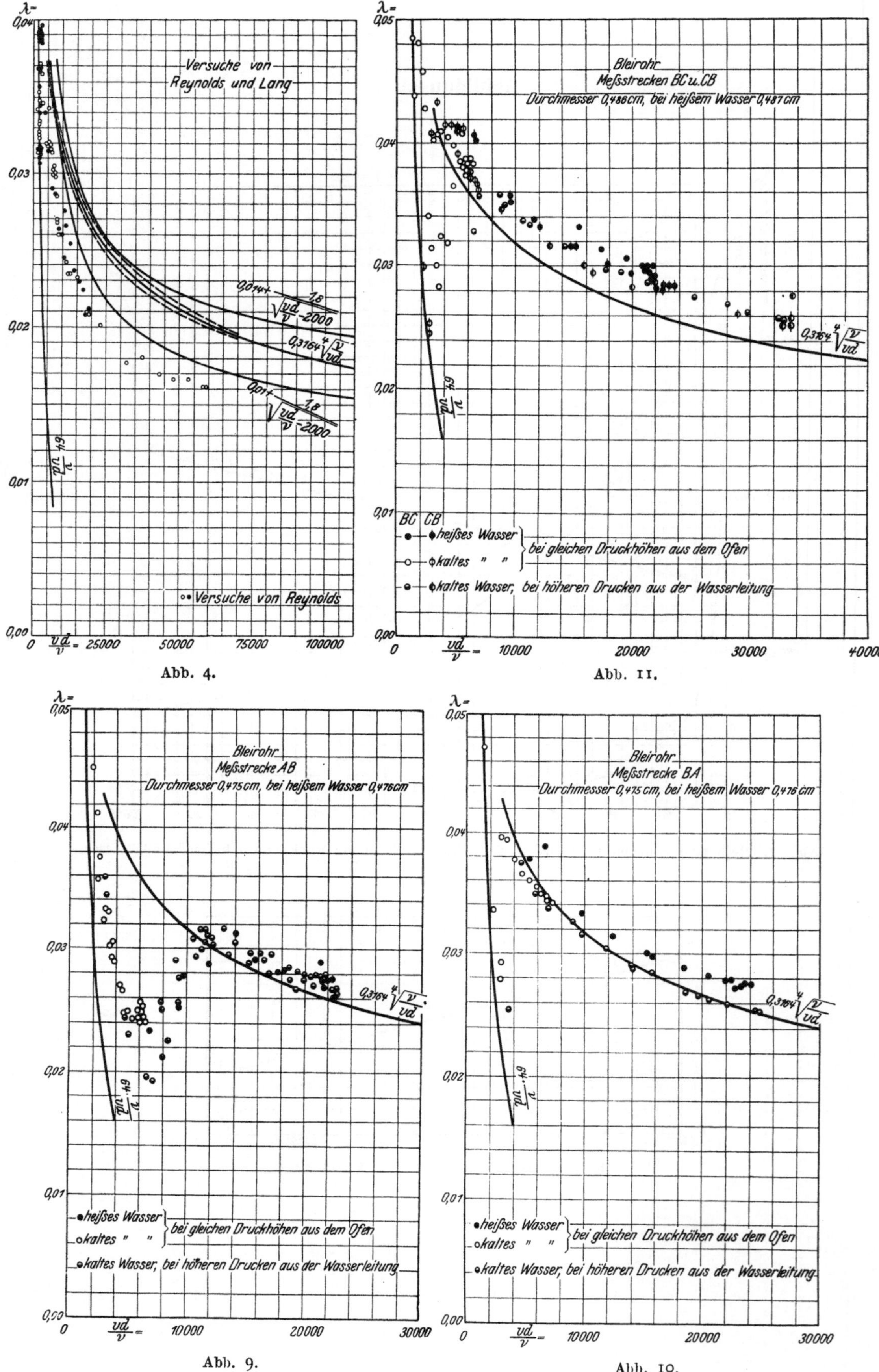
λ=
0,04
Versuche von
Reynolds und Lang
0,03
0,02
0,01
0,00
0,014+ 1,8 / √(vd/ν)-2000
0,3164 ⁴√(ν/vd)
0,01+ 1,8 / √(vd/ν)-2000
pd/λ · 1,9
0 vd/ν= 25000 50000 75000 100000
Versuche von Reynolds
Abb. 4.

λ=
0,05
Bleirohr
Meßstrecken BC u. CB
Durchmesser 0,486cm, bei heißem Wasser 0,487cm
0,04
0,03
0,02
0,01
0,00
0,3164 ⁴√(ν/vd)
pd/λ · 1,9
BC CB
heißes Wasser
kaltes "   "
kaltes Wasser, bei höheren Drucken aus der Wasserleitung
bei gleichen Druckhöhen aus dem Ofen
0 vd/ν= 10000 20000 30000 40000
Abb. 11.

λ=
0,05
Bleirohr
Meßstrecke AB
Durchmesser 0,475cm, bei heißem Wasser 0,476cm
0,04
0,03
0,02
0,01
0,00
0,3164 ⁴√(ν/vd)
pd/λ · 1,9
heißes Wasser
kaltes "   "
kaltes Wasser, bei höheren Drucken aus der Wasserleitung
bei gleichen Druckhöhen aus dem Ofen
0 vd/ν= 10000 20000 30000
Abb. 9.

λ=
0,05
Bleirohr
Meßstrecke BA
Durchmesser 0,475 cm, bei heißem Wasser 0,476 cm
0,04
0,03
0,02
0,01
0,00
0,3164 ⁴√(ν/vd)
pd/λ · 1,9
heißes Wasser
kaltes "   "
kaltes Wasser, bei höheren Drucken aus der Wasserleitung
bei gleichen Druckhöhen aus dem Ofen
0 vd/ν= 10000 20000 30000
Abb. 10.

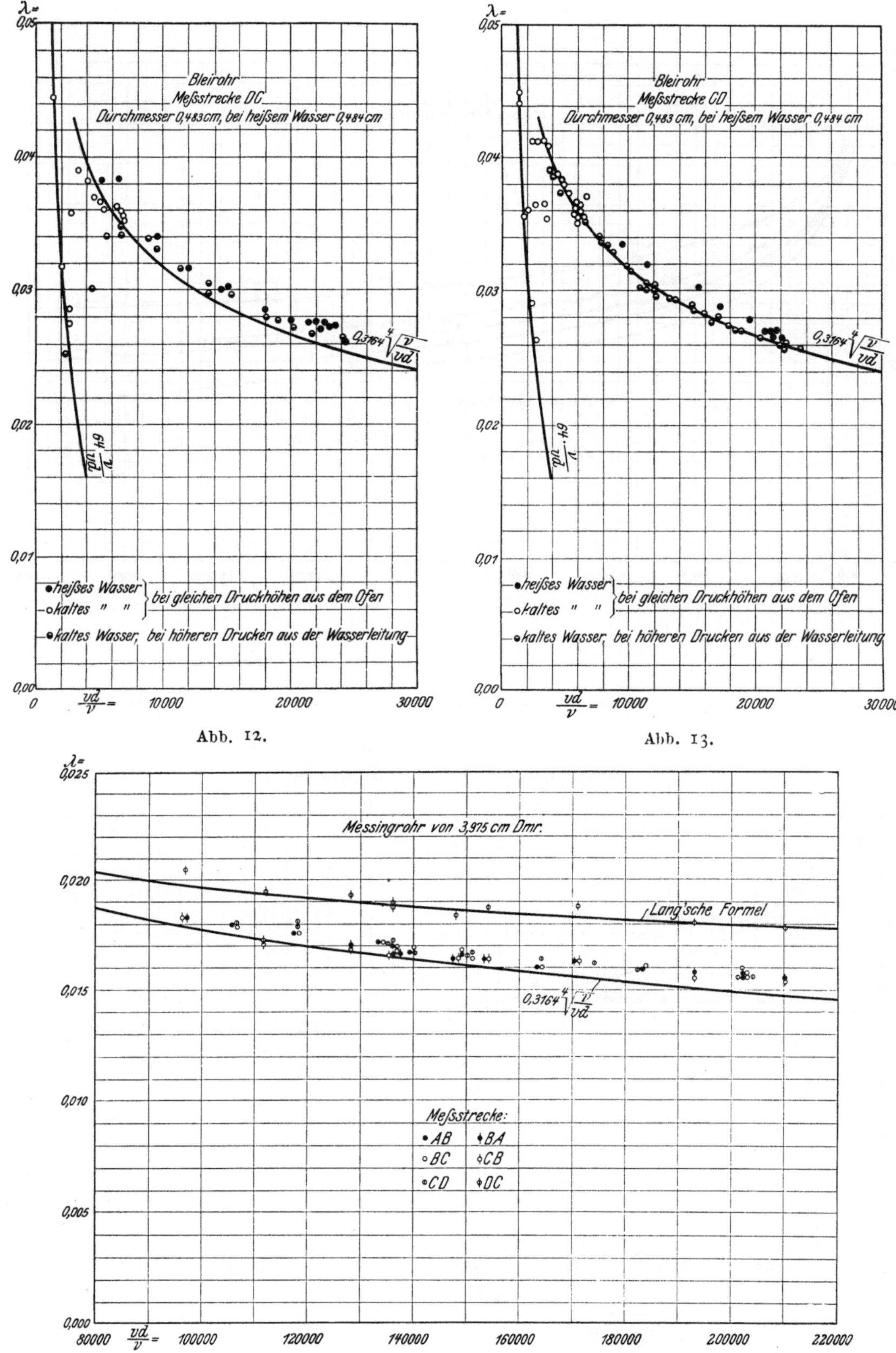

Abb. 12.

Abb. 13.

Abb. 14.

λ=
0,05
0,04
0,03
0,02
0,01
0,00
Glasröhre von 0,8145 cm Dmr.
BA
BA
AB
AB
BA ohne Eintrittslänge
BA mit Eintrittslänge
AB ohne Eintrittslänge
AB mit Eintrittslänge, aus den anderen Versuchen geschätzt
$0,3164 \sqrt[4]{\frac{v}{vd}}$
$\frac{vd}{v}=$
0 10000 20000 30000 40000 50000 60000 70000 80000 90000

Abb. 15.

λ=
0,05
0,04
0,03
0,02
0,01
0,00
Glasröhre von 0,987 cm Dmr.
Richtung AB (erweitert)   Richtung BA (verengt)
Temperatur 15°, sonst wie unten
Temperatur 14°, sonst wie unten
$0,3764 \sqrt[4]{\frac{v}{vd}}$
Temperatur 80°
Temperatur 80°
$\frac{vd}{v}=$
0 10000 20000 30000 40000 50000 60000 70000 80000

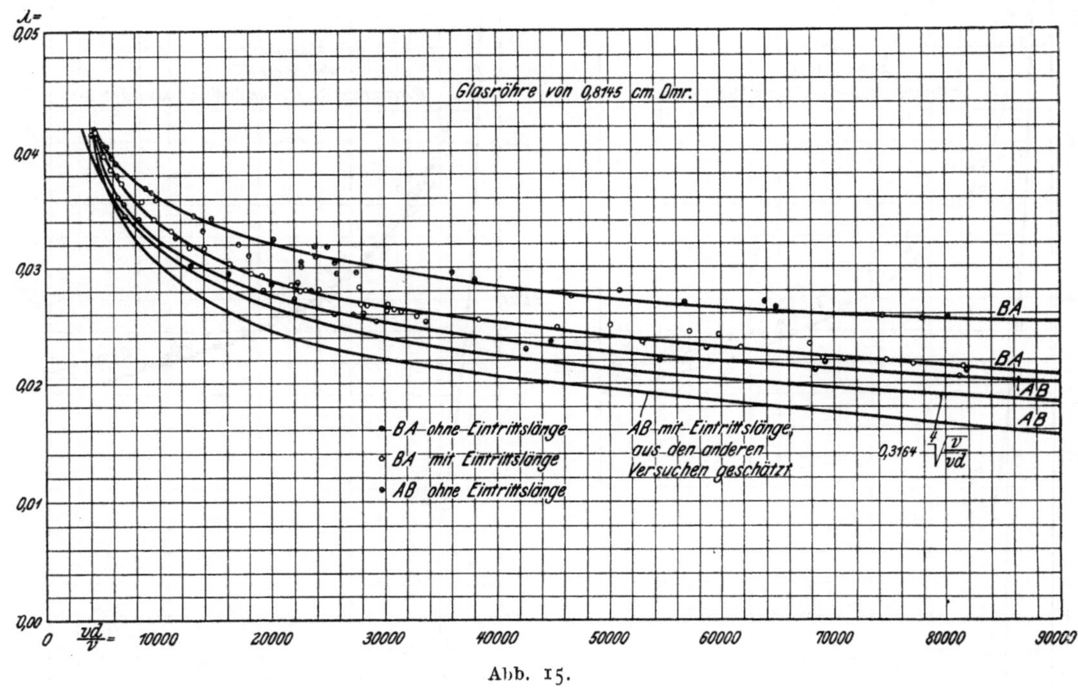

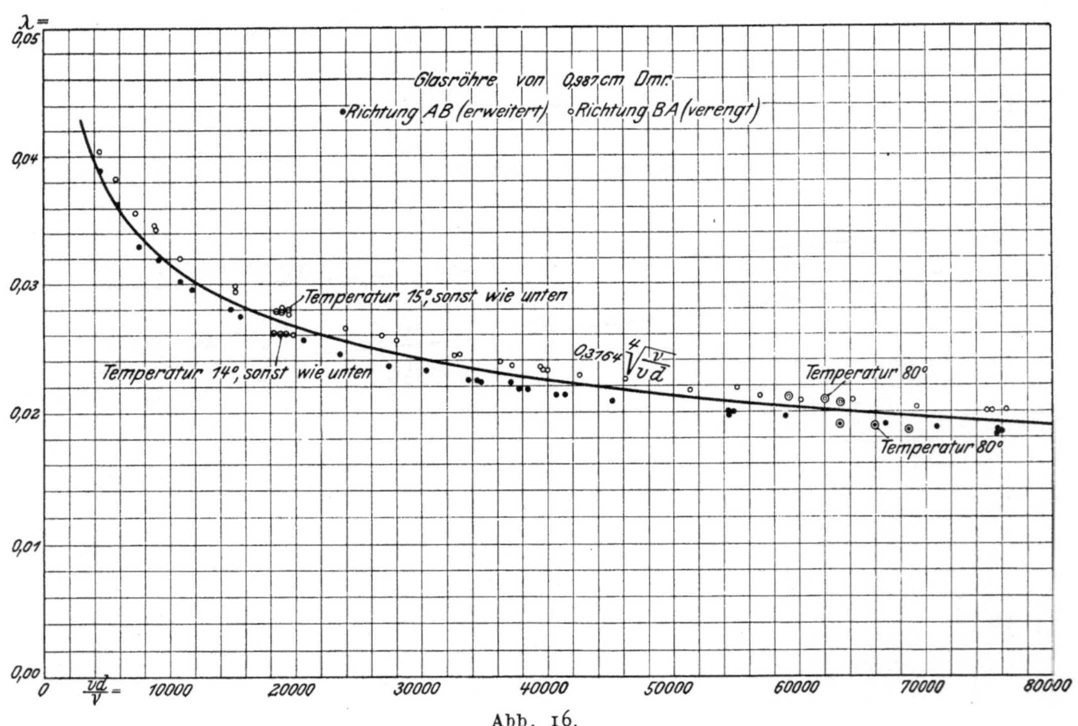

Abb. 16.

Versuche von Gebers
$\varkappa = 1,327 \sqrt{\dfrac{1,31 \cdot 10^{-6}}{\upsilon l}}$
$\dfrac{0,00390}{[\upsilon l]^{0,136}}$
$0,00126 + \dfrac{0,00282}{\sqrt[4]{\upsilon l}}$
Plattenlänge:
0,60   1,50   3,60   4,60   6,52 m
×   ○   □   ⊛   ●
$\dfrac{\upsilon l}{\nu}$ für 10°C
$\varkappa =$
$\upsilon l =$
m^2/sk

Abb. 19.

theoretisch laminar
$0,0246 \left(\dfrac{\nu}{\upsilon l}\right)^{0,136}$
$\dfrac{\upsilon l}{\nu} =$
$\upsilon =$
m/sk

Abb. 20.

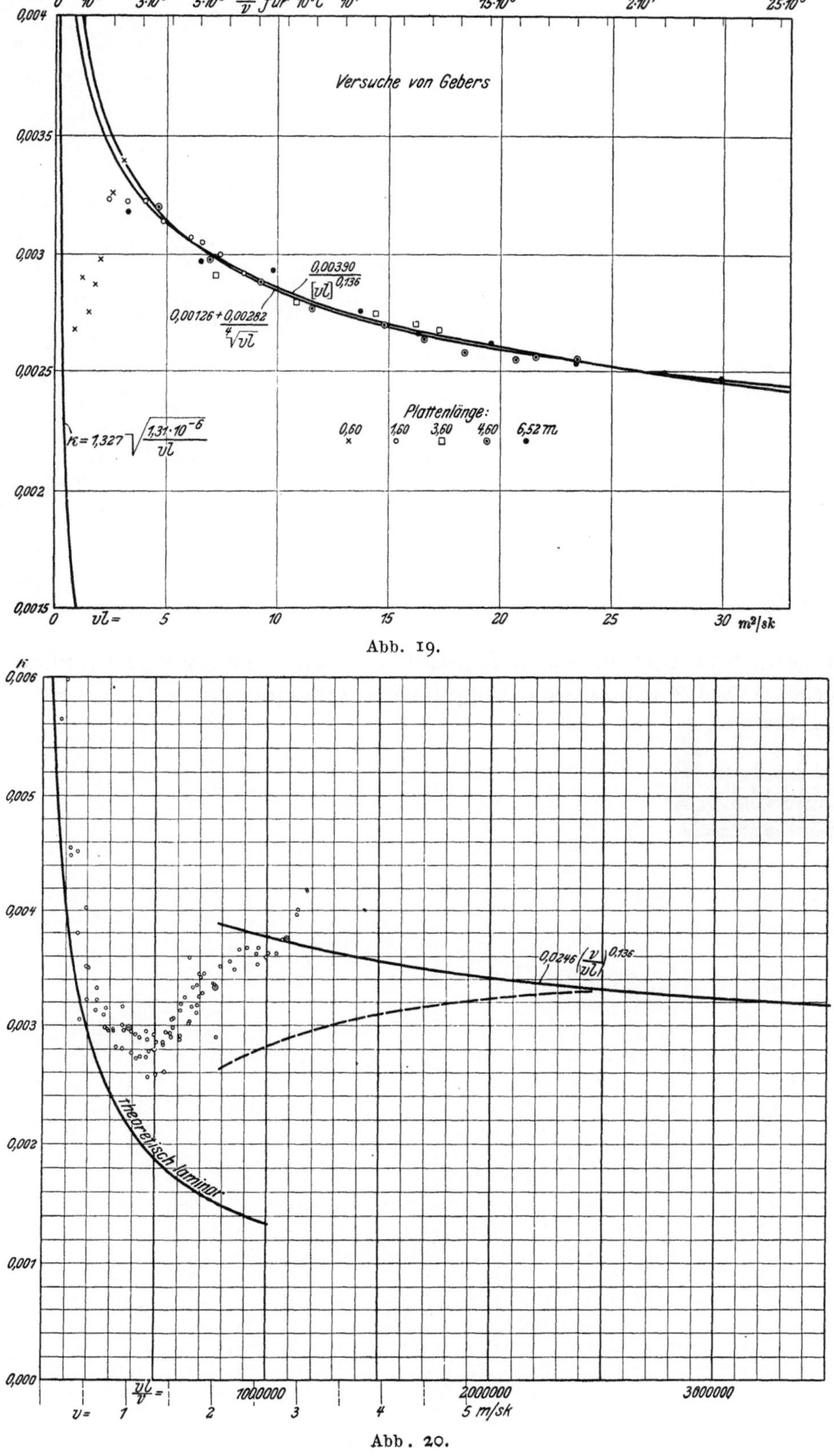

Additional material from *Das Aehnlichkeitsgesetz bei Reibungsvorgängen in Flüssigkeiten*
ISBN 978-3-662-01944-3, is available at http://extras.springer.com

Versuche über die Elastizität und Festigkeit von Bambus, Akazien-, Eschen- und Hickoryholz.

Mit dem Nachtrag:

Ergebnisse der Prüfung von Holzrohren

auf Drehungs-, Biegungs- und Druckfestigkeit.

Von R. Baumann.

(Mitteilung aus der Materialprüfungsanstalt der Kgl. Technischen Hochschule Stuttgart.)

Der Wert von Versuchen über die Elastizität und Festigkeit von Holz wird stets durch den Umstand beeinträchtigt, daß Standort, Witterungsverhältnisse beim Wachstum, Alter, Schlagzeit, Feuchtigkeitsgrad u. a. m. zu bedeutenden Einfluß ausüben, als daß die erlangten Ergebnisse sich mit derselben Zuverlässigkeit, wie das z. B. bei Metallen geschehen kann, auf Holz derselben Benennung übertragen ließen. Oft ergeben sich sogar für Holz aus einem und demselben Stück erhebliche Unterschiede.

Trotzdem schien es angezeigt, Versuche über die Festigkeitseigenschaften einiger Holzarten, insbesondere auch von Bambus, vorzunehmen, welche neuerdings weitgehende Verwendung erfahren (Fahrzeuge, Automobile, Flugapparate usw.), über deren Eigenschaften jedoch in der Literatur eingehende Angaben meines Wissens nicht enthalten sind.

Um aus den Versuchsergebnissen Zahlenwerte zu erlangen, die bei der Berechnung von Konstruktionsteilen Verwendung finden können, wurden der Auswertung die üblichen Gleichungen der Festigkeitslehre zugrunde gelegt, obwohl bei deren Ableitung vorausgesetzt ist, daß das Material sich nach allen Richtungen gleich verhält und dies bekanntlich bei Holz nicht zutrifft, da hier günstigstenfalls drei Hauptrichtungen vorhanden sind, die sich hinsichtlich Elastizität und Festigkeit stark verschieden verhalten. Trotzdem erschien das bezeichnete Vorgehen der Einfachheit wegen geboten. Immerhin wird diese Vernachlässigung bei Uebertragung der hier erlangten Werte auf andere Belastungsfälle im Auge zu behalten sein.

I. Versuche mit Bambus.

a) Biegungsversuche.

Die Stäbe wurden auf zwei Auflager gelegt, deren Abstand rd. 25 mal so groß war wie der äußere Durchmesser des geprüften Bambusrohres, und in der Mitte zwischen beiden Auflagestellen belastet. Gemessen wurde die Durchbiegung unter bestimmten Lasten[1]) sowie die Kraft, welche den Bruch herbeiführte. Obwohl der letztere durch Aufspalten parallel zur Stabachse, also infolge der Querkräfte eintrat, so wurde doch der Einfachheit halber die größte rechnungsmäßig auftretende Normalspannung (»Biegungsfestigkeit«) ermittelt, wie wenn der Bruch durch Zerreißen der am meisten gespannten Fasern herbeigeführt worden wäre. Eine genauere Berechnung würde auf die zusammengesetzte Normal- und Schubinanspruchnahme einzugehen haben und ziemlich umständlich sein. Die hier angewendete Auswertung dürfte zudem im Hinblick auf die Verwendung der Versuchsergebnisse zweckmäßig erscheinen.

Aus der federnden Durchbiegung von der Größe y cm berechnet sich die Dehnungszahl des Materials (unter der oben bezeichneten vereinfachenden Annahme sowie unter Vernachlässigung des durch die Schubkraft bewirkten Teiles der Durchbiegung) zu

$$\alpha = \frac{48\,\Theta}{P\,l^3} \quad\ldots\ldots\ldots\ldots \quad (\mathrm{I}),$$

sofern noch bedeutet:

Θ das Trägheitsmoment des Querschnittes; als solcher wurde der zwischen den Knoten vorhandene Ringquerschnitt angesehen; die infolge der Knoten sowie der in ihnen enthaltenen Scheidewände (vergl. Abb. 9) vorhandene Versteifung ist also nicht berücksichtigt,

P die Belastung in der Stabmitte in kg,

l die Auflagerentfernung in cm.

Da die Querschnittabmessungen nicht mit großer Genauigkeit ermittelt werden können — der Durchmesser und die Wandstärke der Rohre sind stark veränderlich, die letztere ist überdies nur an beiden Enden der Messung zugänglich —, so ist im folgenden die Dehnungszahl stets abgerundet angegeben.

Ferner wurden bestimmt das Gewicht G von 1 m des geprüften Stabes und das Gewicht g, das erforderlich wäre, wenn durch ein biegendes Moment von der Größe $\frac{Pl}{4} = 1000$ kg cm dieser 1 m lange Stab gerade zum Bruch gebracht werden sollte. Der Wert von g gibt einen gewissen Anhalt für die Ausnutzung des Materials.

Versuchsergebnisse.

Der Deutlichkeit halber soll ein Versuch ausführlicher besprochen werden.

Aeußerer Durchmesser des Rohres in Richtung der Kraft $2e =$ . . 7,43 cm
» » senkrecht hierzu . . . . 6,96 »
mittlere Wandstärke s . . . . 0,56 »
Auflagerentfernung l . . . . 194,0 »
Gewicht von 2,295 m = 2,319 kg, somit für 1 m $G =$ . . . . . . 1,01 kg
Trägheitsmoment Θ, als Ellipsenring berechnet . . . . 68,12 cm⁴

---

[1]) Hierbei wurde zwischen Belastung und Entlastung jeweils so oft gewechselt, bis sich die Größe der gesamten, bleibenden und federnden Durchbiegungen nicht mehr änderte, die federnde Durchbiegung also von der bleibenden Formänderung frei erhalten wurde. Der Berechnung der Dehnungszahl ist die federnde Durchbiegung zugrunde gelegt.

Belastung		Durchbiegung in der Stabmitte			Dehnungszahl der Federung
P	$\dfrac{Ple}{4\Theta}$	gesamte	bleibende	federnde	
kg	kg/qcm	cm	cm	cm	
100	265	—	—	—	
150	397	5,21	—	—	$\dfrac{1}{214\,000} = \text{rd.} \dfrac{1}{210\,000}$
100	—	—	0,00	5,21	
200	529	11,14	—	—	$\dfrac{1}{203\,000} = » \dfrac{1}{200\,000}$
100	—	—	0,12	11,02	
250	661	17,57	—	—	$\dfrac{1}{198\,000} = » \dfrac{1}{200\,000}$
100	—	—	0,61	16,96	
300	794	Bruch erfolgt			

Die Dehnungszahl α der Federung und damit die Elastizität des Materials nimmt also mit steigender Beanspruchung etwas zu. Die Durchbiegungen sind den Belastungen nicht proportional, sondern sie wachsen etwas rascher. Im folgenden sind die Dehnungszahlen, sofern nichts anderes bemerkt ist, für die unterste Belastungsstufe angegeben.

Die Biegungsfestigkeit ergibt sich zu 794 kg/qcm. Wie schon erwähnt, erfolgt jedoch der Bruch durch Aufspalten in der Längsrichtung.

Das zum Bruch führende biegende Moment besitzt die Größe $\dfrac{300 \cdot 194}{4} = 14550$ kg cm. Da ein Stab von 1 m Länge $G = 1{,}01$ kg wiegt (s. o.), so wären zur Uebertragung eines biegenden Momentes von 1000 kgcm für einen Stab von 1 m Länge und der Beschaffenheit des geprüften Rohres erforderlich $g = 1{,}01\,\dfrac{1000}{14550} = 0{,}069$ kg, sofern sich ein solcher Stab herstellen ließe.

Die folgende Zusammenstellung enthält die Ergebnisse weiterer Versuche und gibt Anlaß zu nachstehenden Bemerkungen:

Nr.	äußerer Durchmesser $\parallel$ $\perp$ zur Kraftrichtung cm		Wandstärke s cm	Auflagerentfernung cm	Bruchbelastung kg	Biegungsfestigkeit kg/qcm	Belastungsstufe kg	kg/qcm	Durchbiegung cm	Dehnungszahl	Gewicht von 1 m Länge kg	g
1	1,59 [1]		0,37	40	100	2760	$\dfrac{5}{60}$	$\dfrac{138}{1656}$	1,25	$\dfrac{1}{200\,000}$	0,13	0,13
2	2,08		0,29	52	80	1617	$\dfrac{5}{40}$	$\dfrac{101}{808}$	0,71	$\dfrac{1}{220\,000}$	0,13	0,125
3	2,24 [2]		0,36	56	120	1936	$\dfrac{5}{40}$	$\dfrac{81}{645}$	0,78	$\dfrac{1}{170\,000}$	0,19	0,11
4	2,30		0,32	57,5	100	1654	$\dfrac{5}{40}$	$\dfrac{83}{662}$	0,71	$\dfrac{1}{200\,000}$	0,15	0,10
5	2,85	2,95	0,35	72,5	145	1662	$\dfrac{5}{65}$	$\dfrac{57}{745}$	1,12	$\dfrac{1}{190\,000}$	0,26	0,10
6	2,96	3,26	0,48	84	227	2176	$\dfrac{50}{100}$	$\dfrac{480}{959}$	0,88	$\dfrac{1}{220\,000}$	0,36	0,08
7	6,78	7,59	0,74	170	400	807	$\dfrac{100}{200}$	$\dfrac{202}{403}$	0,72	$\dfrac{1}{200\,000}$	1,32	0,08
8	7,43	6,96	0,56	194	300	794	$\dfrac{100}{150}$	$\dfrac{265}{397}$	0,52	$\dfrac{1}{210\,000}$	1,01	0,07
9	3,22	3,32	0,44	84	189	1637	—	—	—	—	0,39	0,10
10	7,27	6,87	0,54	80	617	722	—	—	—	—	rd. 1	0,08
11	7,58	7,03	0,58	74	763	723	—	—	—	—	rd. 1	0,07

[1] Sogenanntes Tonkin-Rohr.   [2] Schwarzer (dunkelbraun gefärbter) Bambus.

1) Unter sonst gleichen Verhältnissen ergibt sich die Biegungsfestigkeit etwas größer, wenn die Auflager weiter voneinander stehen, wohl eine Folge der höheren Schubinanspruchnahme im entgegengesetzten Fall. Es stehen sich gegenüber rd. 800 kg/qcm (Nr. 7 $l = 170$ und Nr. 8 $l = 194$ cm) einerseits und rd. 720 kg/qcm (Nr. 10 $l = 80$ und Nr. 11 $l = 74$ cm) anderseits.

2) Dünnere Stäbe besitzen weit höhere Biegungfestigkeit als die dickeren Rohre. Die Werte liegen zwischen rd. 720 und 2760 kg/qcm.

3) Das Gewicht g, das die Materialausnutzung oder das erforderliche Konstruktionsgewicht einigermaßen kennzeichnet, nimmt mit wachsendem Durchmesser von 0,13 auf 0,07 ab.

Abb. 1 bis 5. Querschnitte durch die Wand von Bambusrohren. Vergrößerung 8 fach.

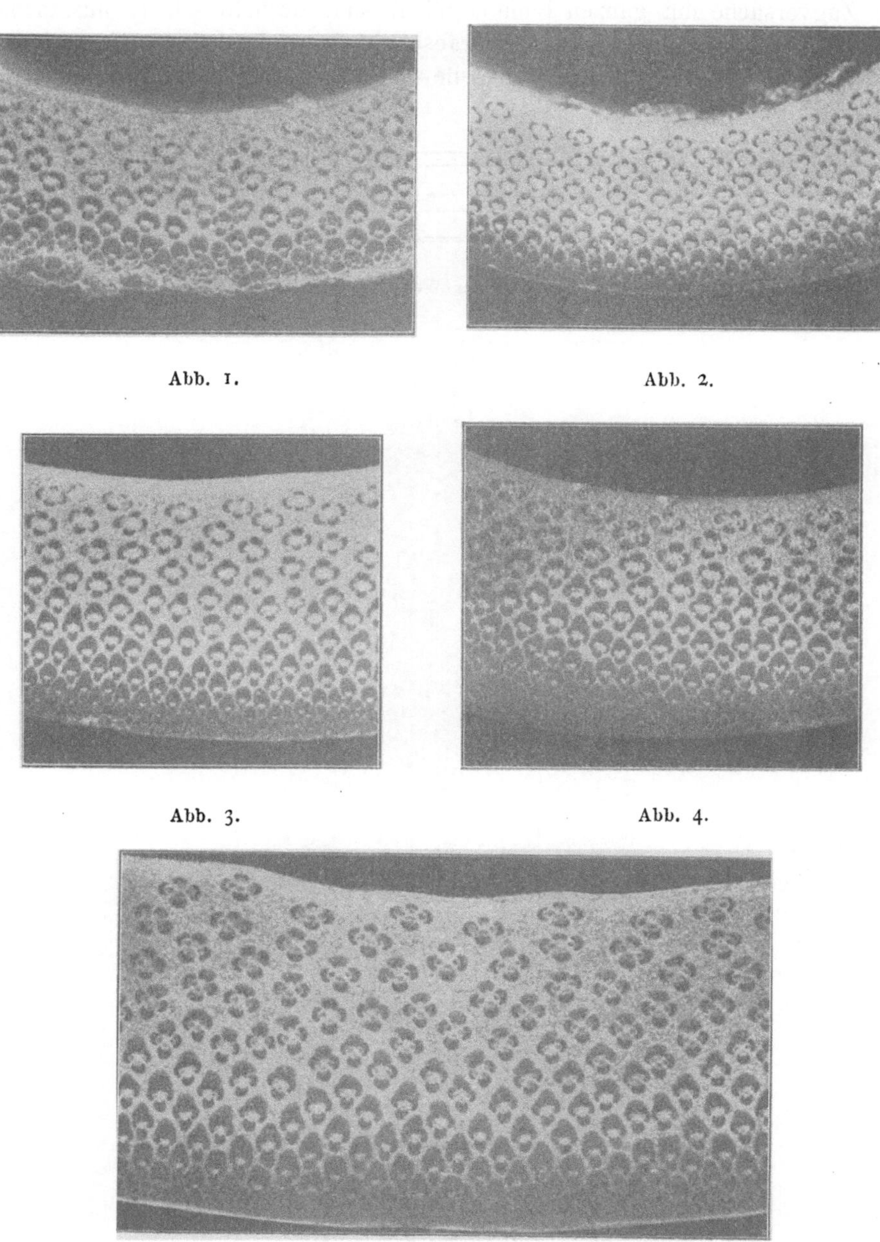

Abb. 1.

Abb. 2.

Abb. 3.

Abb. 4.

Abb. 5.

Die Erklärung für die unter 2) angeführte Beobachtung ergibt sich zu einem Teil aus der Betrachtung von Querschnitten durch die Bambusrohre. Abb. 1 bis 5 zeigen Teile der Wand von solchen in 8facher Vergrößerung. Die dunkel erscheinenden, hier senkrecht zu ihrer Längsrichtung geschnittenen Fasern besitzen außerordentlich hohe Zugfestigkeit (vergl. Ziffer 1 b). Je breiter der dunkel erscheinende Ring an der Außenhaut (Abb. 1 bis 5 zeigen die geschliffenen Querschnitte in der Ansicht) und je größer der Anteil dieser Fasern am Querschnitt ist, desto höher wird die Festigkeit ausfallen.

b) Zugversuche.

Zugversuche mit ganzen Bambusstäben sind deshalb schwer ausführbar, weil eine Befestigungsart, die den Rohrabschnitt derart festhält, daß er zerrissen werden kann, ohne an der Einspannstelle zu brechen, nicht leicht zu finden ist.

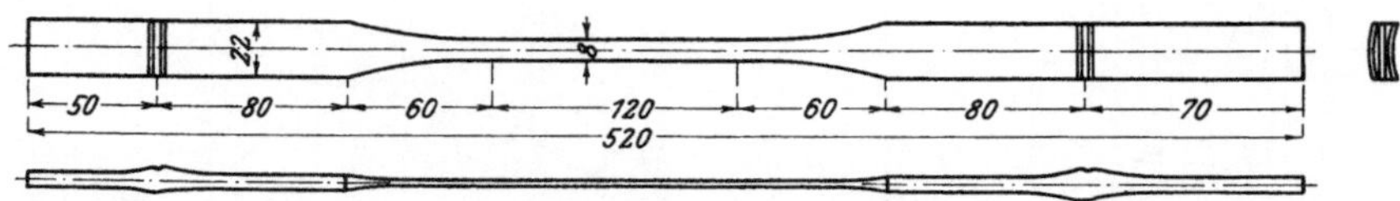

Abb. 6. Probestab aus der Wand eines Bambusrohres.

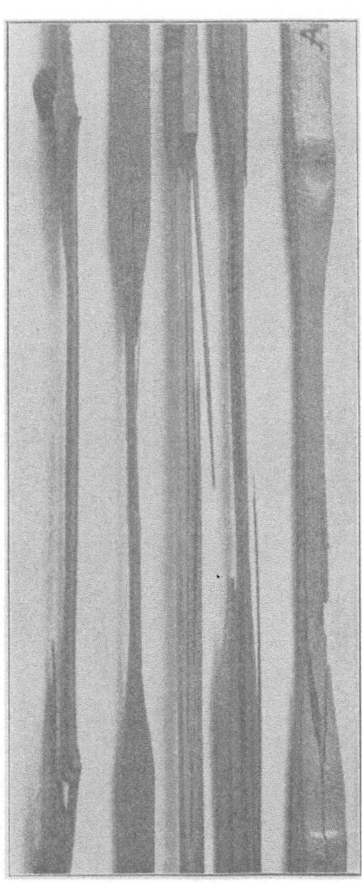

Abb 7. Zerrissene Bambusstäbe.

Es wurde deshalb vorgezogen, aus der Rohrwand Streifen zu entnehmen und diese der Zugprobe zu unterwerfen. Obwohl diese Streifen an den Köpfen außerordentlich viel breiter (und oft auch dicker) waren, als in der Mitte (vergl. z. B. Abb. 6), so trat doch eigentliches Abreißen der Fasern senkrecht zur Stabachse nur in einem Fall ein. Bei allen andern Stäben wurden die Fasern des mittleren, schwächeren Stabteiles aus den Stabenden sozusagen herausgezogen, die Stäbe spalteten und· zerfaserten parallel zur Rohrachse, wie Abb. 7 zeigt.

Um den Unterschied zwischen den Eigenschaften der Außenhaut und der nach innen gelegenen Querschnittsteile zu ermitteln, wurden bei einem Teil der Stäbe die Querschnitte gespalten und die äußeren und die inneren Fasern getrennt dem Zugversuch unterzogen.

Die Ergebnisse sind im folgenden zusammengestellt. Die Meßlänge betrug in allen Fällen 10 cm.

α) **Stäbe aus einem dicken Rohr (äußerer Durchmesser rd. 8 cm).**

Nr.	Dicke cm	Breite cm	Querschnitt qcm	Belastungsstufe kg	kg/qcm	Verlängerung $\frac{1}{80}$ cm	Dehnungszahl der Federung	Zugfestigkeit kg	kg/qcm	Ort der Entnahme
1 a	0,31	0,69	0,214	40 / 70	187 / 327	0,47	$\frac{1}{240\,000}$	672	3140	äußere Faserschicht
2 a	0,44	1,03	0,453	50 / 150	110 / 331	0,70	$\frac{1}{250\,000}$	1390	3068	äußere Faserschicht
3 a	0,40	0,97	0,388	50 / 150	129 / 387	0,80	$\frac{1}{260\,000}$	1270	3273	äußere Faserschicht
1 b	0,28	0,79	0,221	40 / 70	181 / 317	1,13	$\frac{1}{100\,000}$	328	1484	innere Faserschicht
2 b	0,45	0,92	0,414	50 / 100	121 / 242	0,90	$\frac{1}{110\,000}$	660	1594	innere Faserschicht
3 b	0,42	0,87	0,365	50 / 100	137 / 274	1,03	$\frac{1}{110\,000}$	596	1633	innere Faserschicht
4	0,70	1,08	0,756	—	—	—	—	1230	1627	äußere und innere Faserschicht (ganze Dicke des Querschnittes)
5	0,70	0,87	0,609	—	—	—	—	1040	1708	äußere und innere Faserschicht (ganze Dicke des Querschnittes)
6	0,63	0,41	0,258	—	—	—	—	555	2151	äußere und innere Faserschicht (ganze Dicke des Querschnittes)
7	0,67	0,49	0,328	—	—	—	—	645	1966	äußere und innere Faserschicht (ganze Dicke des Querschnittes)
8	0,53	0,87	0,461	—	—	—	—	750	1627	äußere und innere Faserschicht (ganze Dicke des Querschnittes)
9	0,51	0,79	0,403	50 / 100	124 / 248	0,54	$\frac{1}{180\,000}$	802	1990	äußere und innere Faserschicht (ganze Dicke des Querschnittes)
10	0,58	0,73	0,423	50 / 100	118 / 236	0,54	$\frac{1}{170\,000}$	896	2118	äußere und innere Faserschicht (ganze Dicke des Querschnittes)
11	0,53	0,70	0,371	20 / 50	54 / 135	0,39	$\frac{1}{170\,000}$	768	2070	äußere und innere Faserschicht (ganze Dicke des Querschnittes)

Die Stäbe 1a und 1b, 2a und 2b, 3a und 3b sind je nebeneinander entnommen.

Werte der federnden und bleibenden Verlängerungen bei verschiedenen Belastungen.

Im folgenden bedeutet:

P die Belastung des Probestabes in kg,

σ die Beanspruchung desselben in kg/qcm,

λ die federnde Verlängerung der 10 cm langen Meßstrecke in 1/80 cm,

λ' die bleibende Verlängerung der 10 cm langen Meßstrecke in 1/80 cm.

Stab		untere	obere Grenze der Belastungsstufe								
I a	P	40	70	100	150	200	250	300	350	—	—
	σ	187	327	467	701	935	1168	1402	1636	—	—
	λ	—	0,47	0,94	1,69	2,46	3,26	4,04	4,82	—	—
	λ'	—	0,00	0,01	0,07	0,09	0,13	0,16	0,21	—	—
2 a	P	50	150	250	350	450	550	650	750	—	—
	σ	110	331	552	773	993	1214	1435	1656	—	—
	λ	—	0,70	1,40	2,09	2,76	3,42	4,11	4,84	—	—
	λ'	—	0,00	0,01	0,04	0,07	0,11	0,12	0,14	—	—
3 a	P	50	150	250	350	450	—	—	—	—	—
	σ	129	387	644	902	1160	—	—	—	—	—
	λ	—	0,80	1,60	2,40	3,20	—	—	—	—	—
	λ'	—	0,00	0,02	0,05	0,08	—	—	—	—	—
I b	P	40	70	100	150	—	—	—	—	—	—
	σ	181	317	452	679	—	—	—	—	—	—
	λ	—	1,13	2,26	4,02	—	—	—	—	—	—
	λ'	—	0,00	0,01	0,03	—	—	—	—	—	—
2 b	P	50	100	150	200	250	—	—	—	—	—
	σ	121	242	362	483	604	—	—	—	—	—
	λ	—	0,90	1,85	2,79	3,79	—	—	—	—	—
	λ'	—	0,00	0,03	0,08	0,14	—	—	—	—	—
3 b	P	50	100	150	200	250	300	—	—	—	—
	σ	137	274	411	548	685	822	—	—	—	—
	λ	—	1,03	2,06	3,12	4,20	5,26	—	—	—	—
	λ'	—	0,00	0,01	0,02	0,04	0,08	—	—	—	—
9	P	50	100	150	250	350	—	—	—	—	—
	σ	124	248	372	620	868	—	—	—	—	—
	λ	—	0,54	1,07	2,14	3,19	—	—	—	—	—
	λ'	—	0,00	0,00	0,02	0,05	—	—	—	—	—
10	P	50	100	150	200	250	300	350	400	450	500
	σ	118	236	355	473	591	709	827	946	1064	1182
	λ	—	0,54	1,08	1,62	2,16	2,70	3,24	3,79	4,36	4,89
	λ'	—	0,00	0,00	0,01	0,02	0,05	0,06	0,07	0,10	0,12
11	P	20	50	80	110	140	170	200	230	260	290
	σ	54	135	216	296	377	458	539	620	701	782
	λ	--	0,39	0,78	1,17	1,56	1,91	2,25	2,61	2,99	3,34
	λ'	—	0,00	0,00	0,04	0,05	0,07	0,11	0,11	0,13	0,14

Wie ersichtlich, hat sich die Zugfestigkeit der äußeren Faserschicht (Stab 1 a, 2 a, 3 a) etwa zweimal so groß, die Dehnungszahl etwa halb so groß ergeben, wie bei den inneren Querschnittsteilen (Stab 1 b, 2 b, 3 b). Die Prüfung der Stäbe 4 bis 11 (ganze Querschnittsdicke) hat mit Annäherung dieselben Werte für die Zugfestigkeit und Elastizität geliefert, wie sie bei Biegungsversuchen mit dünneren Rohren gefunden worden waren.

β) **Stäbe aus einem dünneren Rohr (äußerer Durchmesser rd. 3,3 cm).**

Nr.	Dicke	Breite	Querschnitt	Belastungsstufe		Verlängerung $^1/_{80}$	Dehnungszahl der Federung	Zugfestigkeit		Ort der Entnahme
	cm	cm	qcm	kg	kg/qcm	cm		kg	kg/qcm	
I a	0,21	0,74	0,155	$\frac{50}{100}$	$\frac{323}{646}$	0,86	$\frac{1}{300\,000}$	554	3574	äußere Faserschicht
2 a	0,19	0,67	0,127	$\frac{50}{100}$	$\frac{394}{787}$	1,01	$\frac{1}{310\,000}$	488	3843	
I b	0,18	0,74	0,133	$\frac{30}{60}$	$\frac{226}{451}$	1,71	$\frac{1}{110\,000}$	180	1353	innere Faserschicht
2 b	0,20	0,57	0,114	$\frac{30}{60}$	$\frac{263}{526}$	1,59	$\frac{1}{130\,000}$	222	1947	
3	0,42	0,59	0,248	$\frac{50}{100}$	$\frac{202}{403}$	0,71	$\frac{1}{230\,000}$	684	2758	ganze Querschnittsdicke

Stab		untere	obere					
		Grenze der Belastungsstufe						
I a	P	50	100	150	200	250	300	350
	σ	323	646	968	1290	1613	1935	2258
	λ	—	0,86	1,72	2,58	3,44	4,31	5,18
	λ'	—	0,00	0,02	0,05	0,08	0,11	0,15
2 a	P	50	100	150	200	250	300	—
	σ	394	787	1181	1575	1969	2362	—
	λ	—	1,01	2,02	3,03	4,04	5,07	—
	λ'	—	0,01	0,04	0,07	0,12	0,19	—
I b	P	30	60	90	120	—	—	—
	σ	226	451	677	902	—	—	—
	λ	—	1,71	3,37	5,06	—	—	—
	λ'	—	0,00	0,16	0,31	—	—	—
2 b	P	30	60	90	120	—	—	—
	σ	263	526	789	1053	—	—	—
	λ	—	1,59	3,18	4,77	—	—	—
	λ'	—	0,02	0,16	0,29	—	—	—
3	P	50	100	150	200	250	—	—
	σ	202	403	605	806	1008	—	—
	λ	—	0,71	1,44	2,18	2,92	—	—
	λ'	—	0,00	0,03	0,04	0,05	—	—

Die Stäbe I a und I b, 2 a und 2 b sind je neben einander entnommen.

Der Unterschied der Festigkeitseigenschaften der äußeren und der inneren Querschnittsteile ist hier noch ausgeprägter, als unter α). Das Material der äußeren Schicht hat sich bei dem dünneren Rohr als steifer und fester erwiesen, als bei dem dicken Rohr (Zugfestigkeit bis 3843 kg/qcm, gegenüber 3273 kg/qcm bei dem dicken Rohr; Dehnungszahl bis $\frac{1}{310\,000}$ gegenüber $\frac{1}{260\,000}$ bei dem dickeren Rohr). In Uebereinstimmung hiermit zeigen die Abb. 1 bis 5, die je ein Stück von Querschnitten durch verschiedene Rohre in 8 facher Vergrößerung darstellen, daß die dunkler gefärbten harten Fasern bei den dünneren Rohren am Rande verhältnismäßig dichter stehen, als bei dem dicken Bambus. In allen Fällen ist die erreichte Zugfestigkeit — die Werte liegen zwischen 1353 und 3843 kg/qcm — eine für Holz bedeutende. Der letztere Wert kommt der Zugfestigkeit guten Flußeisens gleich.

c) Druckversuche.

α) Rohrabschnitt von 6,18 cm äußerem Dmr. und 53 cm Länge;
Wandstärke 0,48 cm.

Die Zusammendrückungen wurden auf die Länge von 30 cm am Schaft
zwischen zwei Knoten gemessen. Die Ergebnisse sind im folgenden zusammengestellt. Auch bei diesem Versuch wurden, wie überhaupt bei allen Elastizitäts-
versuchen, über die hier berichtet ist, die S. 42, Fußbemerkung 1, bezeichneten
Belastungswechsel ausgeführt.

Belastung		Zusammendrückung in $^1/_{1200}$ cm			Dehnungszahl der Federung
kg	kg/qcm	gesamte	bleibende	federnde	
11	1	—	—	—	—
311	36	6,34	—	—	$\dfrac{1}{199\,000}$
11	—	—	0,00	6,34	—
611	71	13,06	—	—	
11	—	—	0,02	13,04	$\dfrac{1}{193\,000}$
911	106	19,84	—	—	
11	—	—	0,09	19,75	$\dfrac{1}{191\,000}$
1211	141	26,67	—	—	
11	—	—	0,16	26,51	$\dfrac{1}{190\,000}$
1511	176	33,46	—	—	
11	—	—	0,23	33,23	$\dfrac{1}{189\,000}$
1811	211	40,26	—	—	
11	—	—	0,34	39,92	—
2111	246	47,20	—	—	
11	—	—	0,43	46,77	—
2411	281	53,98	—	—	
11	—	—	0,47	53,51	—

Die Zusammendrückungen wachsen also etwas rascher, als die Belastungen.
Die Dehnungszahl hat sich ungefähr ebenso groß ergeben, wie bei den Zug-
versuchen (Versuche mit Stab 9, 10 und 11) und bei den Biegungsversuchen
(Stab 7, 8) gefunden worden war; sie beträgt rd.

$$\alpha = \frac{1}{200\,000}.$$

Bei der Fortsetzung des Versuches erfolgte der Bruch unter der Belastung
$P = 5460$ kg, entsprechend 636 kg/qcm.

β) Druckversuche mit kurzen Stücken zur Ermittlung der Druckfestigkeit.

Nr.	äußerer Durchmesser cm	Wandstärke cm	Länge cm	Bruchbelastung		Gewicht		Drahtumwicklung in der Mitte zwischen je zwei Knoten
				kg	kg/qcm	kg	kg/m	
1	3,42	0,45	33,8	2300	548 [1]	0,125	0,37	nicht vorhanden
2	3,48	0,47	33,0	3530	794	0,196	0,59	vorhanden
3	3,48	0,56	30,8	4100	798	0,139	0,45	nicht vorhanden
4	3,48	0,63	27,8	4140	733	0,208	0,75	vorhanden
5	3.61	0,46	25,5	3650	802	0,112	0,44	nicht vorhanden
6	3,23	0,42	34,0	3200	863	0,115	0,34	nicht vorhanden

[1] Der Stab wies schon vor der Prüfung am oberen Knoten Risse auf.

Wird vom Stab 1, der schon vor der Prüfung Risse besaß, abgesehen, so liegt hiernach die Druckfestigkeit zwischen 733 und 863 kg/qcm. Eine Wirkung der Drahtumwicklung hat sich nicht feststellen lassen. Die Druckfestigkeiten der umwickelten Stäbe betrugen 733 und 794, im Durchschnitt 764 kg/qcm, die der nicht umwickelten Probekörper liegen zwischen 798 und 863 (im Durchschnitt 821 kg/qcm). Die Erklärung für die Unwirksamkeit der Drahtumwicklung hinsichtlich einer Erhöhung der Druckfestigkeit ergibt sich aus dem Umstand, daß die Zerstörung durch Aufspalten des Rohres in der Längsrichtung, also unter Ueberwindung der Schubfestigkeit erfolgt. Dies kommt deutlich zum Ausdruck infolge des Vorhandenseins einer weichen, spröden Haut im Innern der Rohre, welche den Bruchvorgang scharf abbildet. Abb. 8 zeigt, daß die Bruchlinie sägezahnartig verläuft, was die Annahme bestätigt, daß der Bruch durch Schubkräfte bewirkt worden ist.

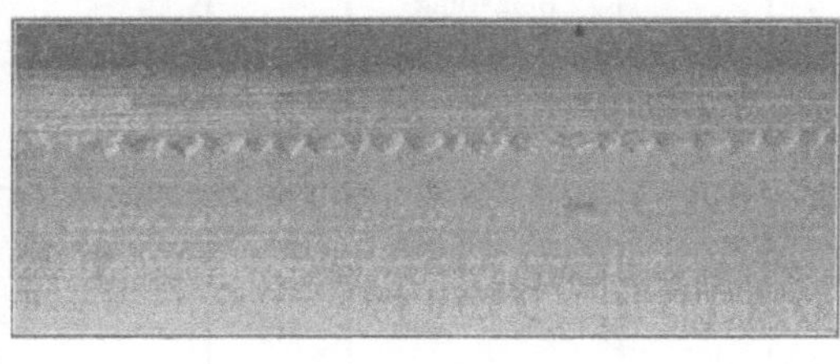

Richtung der Rohrachse

Abb. 8. Bruchflächen von Bambusrohr, das durch Druck in Richtung seiner Achse zerstört worden ist.

Der Unterschied zwischen dem dicken Bambus und den dünneren Rohren hinsichtlich der Druckfestigkeit (636 gegenüber 733 bis 863 kg/qcm) erscheint nicht bedeutend.

γ) Druckversuche mit Stäben von etwa 1 m Länge.

Die Stäbe wurden mit ebenen und parallelen Endflächen versehen. Bei der Prüfung standen sie frei auf den ebenen, unbeweglich festgehaltenen Druckplatten der Prüfmaschine auf. Die Enden waren also nicht frei beweglich, aber auch nicht als eingespannt zu betrachten. Da die Eulersche Gleichung

$$P_0 = \omega\, \frac{\Theta}{\alpha\, l^2} \quad \cdots \cdots \cdots \cdots \quad (2),$$

in welcher bedeutet

P_0 die Kraft, die nach der Rechnung das Ausknicken des Stabes herbeiführt,

Θ das kleinste Trägheitsmoment des Stabquerschnittes,

l die Länge des Stabes zwischen den Auflagern,

ω eine von der Befestigung abhängige Zahl,

für den Wert von ω verlangt:

$\omega = \pi^2$ bei frei beweglichen Stabenden,

$\omega = 4\,\pi^2$ bei fest eingespannten Stabenden,

so erschien es zweckmäßig, zunächst den Wert P_0 für den Fall $\omega = \pi^2$ zu berechnen, und ihn in Vergleich zu stellen mit der Kraft P, die den Stab beim Versuch zum Ausknicken gebracht hat.

Da jedoch die Stäbe nicht vollkommen gerade gewachsen sind, so hängt die Größe von P und damit das Verhältnis $P:P_0$ auch ab von der Größe der Abweichung der Rohrachse von der Geraden. Der Wert $P:P_0$ bietet also einen Anhalt dafür, in welchem Verhältnis die Annahmen der Rechnung:

a) der Stab ist vollkommen gerade gewachsen,

b) » » » » drehbar an den Enden gelagert,

zu den Tatsachen stehen. Die Dehnungszahl ist gleich $1:200\,000$ gesetzt worden.

Nr.	äußerer Durchmesser (Mittelwert) cm	Wandstärke cm	Länge cm	Belastung		$P:P_0$ kg/qcm	Druckbeanspruchung kg/qcm	Drahtumwicklung
				P kg	P_0 kg/qcm			
1 a	2,75	0,37	91,9	1238	468	2,6	448	nichtvorhanden
2 a	2,95	0,32	94,6	1005	511	2,0	380	
3 a	2,99	0,38	99,5	1800	540	3,3	578	
1 b	2,85	0,43	91,8	1628	579	2,8	498	vorhanden
2 b	2,80	0,31	95,0	793	417	1,9	327	
3 b	2,70	0,35	99,6	1110	362	3,1	430	
4	2,88	0,37	98,1	1350	480	2,8	463	nicht vorhanden
5	3,12 [1]	0,33	99,1	1660	573	2,9	574	
6	3,05	0,36	99,6	1300	557	2,3	427	
7	2,78	0,53	99,7	1040	498	2,1	278	

[1]) Die Scheidewände zwischen den Kammern waren durch Ausbrennen entfernt worden.

Stäbe mit gleicher Nummer, also z. B. Stab 1 a und 1 b, entstammen demselben Rohr. Die Umwicklung erfolgte mit 2 mm starkem Bindedraht auf eine Länge von etwa 10 cm zwischen je zwei Knoten. Bei den Stäben 1 a und 2 a waren auch die Knoten selbst mit 3 Windungen umwickelt.

Die Drahtumwicklung hat also eine ausgesprochene Erhöhung der Widerstandsfähigkeit nicht bewirkt; doch äußert sie Einfluß in bezug auf die Brucherscheinung. Während die nicht umwickelten Stäbe völlig zersplitterten, blieb bei den mit Draht umwickelten Probekörpern der Zusammenhang einigermaßen gewahrt.

Die Verhältniszahl $P:P_0$ schwankt bei den mit Annäherung gerade gewachsenen Stäben zwischen 1,9 und 3,3. Die ebene Anlage der Stabenden bringt also eine teilweise Einspannung hervor. Dabei ist allerdings zu beachten, daß bei der Berechnung des Trägheitsmomentes, wie eingangs bemerkt, die Verstärkungen an den Knoten keine Berücksichtigung erfahren haben.

d) Schlagversuche.

Verwendung fanden zwei Stangen, I und II, denen je 4 Probekörper entnommen wurden. Dem Schlag in der Mitte zwischen den um 25 cm voneinander stehenden Auflagern wurde bei dem einen Stab ein Knoten, beim anderen Stab der Schaft zwischen zwei Knoten ausgesetzt. Gemessen wurde die zum Durchschlagen verbrauchte Arbeit.

Stab I: Durchmesser rd. 2,9 cm, Gewicht von 1 m 0,25 kg,

» II: » » 2,5 », » » 1 » 0,19 ».

Nr.	äußerer Durchmesser cm	Wandstärke cm	Querschnitt f qcm	zum Bruch verbrauchte Arbeit		der Schlag traf den
				A mkg	$A:f$ mkg/qcm	
I 1	3,00	0,4	3,27	10,9	3,3	Knoten
I 2	2,95	0,4	3,20	8,35	2,6	Schaft
I 3	2,90	0,38	3,01	6,64	2,2	Knoten
I 4	2,80	0,36	2,76	6,96	2,5	Schaft
II 1	2,60	0,31	2,23	5,94	2,7	Schaft
II 2	2,62	0,33	2,37	6,77	2,9	Knoten
II 3	2,52	0,30	2,09	4,96	2,4	Schaft
II 4	2,40	0,28	1,87	5,14	2,7	Knoten

Die zum Durchschlagen verbrauchte Arbeit $A:f$ mkg/qcm hat sich nahezu gleich groß ergeben, ob der Schlag den Knoten oder den Schaft traf. Dagegen war die Brucherscheinung vollkommen verschieden. Während beim Schlag auf den Knoten der Stab in Streifen parallel zur Achse zersprang, wie der untere Teil der Abb. 9 zeigt (Bruch infolge Ueberwindung der Festigkeit in Richtung

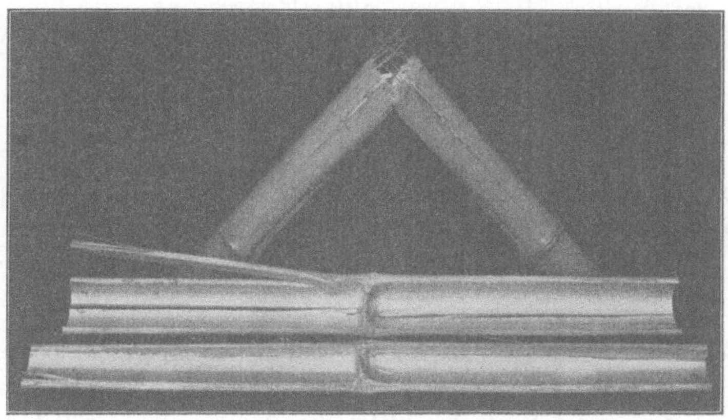

Beim Schlag auf den Knoten erfolgt Aufspalten, beim Schlag auf den Schaft erfolgt Durchbrechen.

Abb. 9. Schlagversuche mit Bambus.

der Fasern), erfolgte der Bruch des Stabes beim Schlag auf den Schaft durch eigentliches Abbrechen, wie die obere Hälfte der Fig. 9 erkennen läßt. Hierbei ist die Zugfestigkeit der Fasern überwunden worden.

II. Versuche mit Akazienholz.

a) Biegungsversuche.

Die Prüfung erfolgte, wie unter Ia) angegeben.

Breite des Stabes b . . . . 4,00 cm,
Höhe   »   » h . . . . 8,02 » ,
Auflagerentfernung l . . . . 100,0 » ,
Gewicht der Raumeinheit . . . . 0,86 kg/cdm.

Belastung		Durchbiegung in der Stabmitte			Dehnungszahl der Federung
P	$\dfrac{Pl\,6}{4\,b\,h^2}$	gesamte	bleibende	federnde	
kg	kg/qcm	mm	mm	mm	
100	58	—	—	—	—
200	117	0,80	—	—	$\dfrac{1}{151\,000}$
100	—	—	0,00	0,80	—
300	175	1,61	—	—	—
100	—	—	0,01	1,60	
400	233	2,42	—	—	—
100	—	—	0,03	2,39	
500	292	3,19	—	—	—
100	—	—	0,03	3,16	
600	350	4,01	—	—	—
100	—	—	0,08	3,93	
700	408	4,86	—	—	—
100	—	—	0,16	4,70	
800	466	5,75	—	—	—
100	—	—	0,22	5,53	
900	525	6,73	—	—	—
100	—	—	0,33	6,40	

Die Durchbiegungen sind mit Annäherung den Belastungen proportional. Die Dehnungszahl der Federung beträgt rd.

$$\alpha = \frac{1}{150\,000}.$$

Bei der Berechnung ist der Einfluß der Schubkraft nicht berücksichtigt worden.

Bei Fortsetzung des Versuchs erfolgt der Bruch unter der Belastung $P = 1850$ kg, entsprechend einer, wie oben erwähnt, in der üblichen Weise berechneten Biegungsfestigkeit von $k_b = 1079$ kg/qcm.

b) Zugversuche.

Die Gestalt der Stäbe geht aus Abb. 10 hervor. Die zum Festhalten derselben in der Prüfmaschine dienenden Backen mit Muttergewinde waren ge-

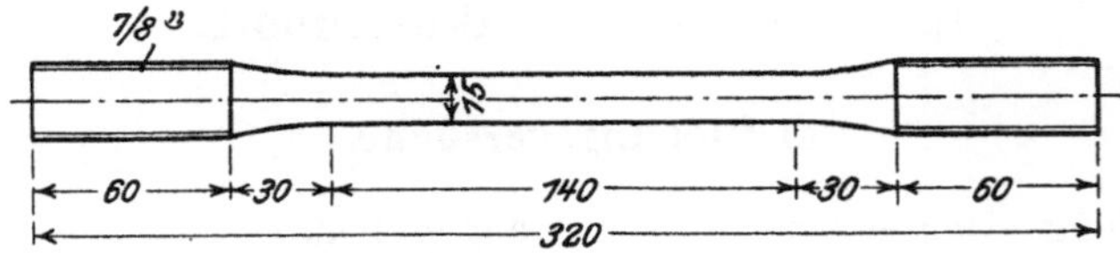

Abb. 10. Probestab für Zugversuche mit Holz.

teilt, wie bei Beißkeilen üblich. Einige der Stäbe wurden nach Vornahme des Elastizitätsversuchs abgedreht; bei ihnen sind im folgenden 2 Durchmesser angegeben.

Nr.	Farbe des Holzes	Durch-messer cm	Belastungs-stufe kg	Belastungs-stufe kg/qcm	Federung in $^1/_{80}$ cm	Dehnungs-zahl der Federung	Zugfestigkeit kg	Zugfestigkeit kg/qcm	Bemerkungen
1	hellgelb	1,49	100 / 200	58 / 115	0,38	$\frac{1}{120\,000}$	2430	1397	—
2	»	1,47 / 1,17	100 / 200	59 / 118	0,37	$\frac{1}{128\,000}$	1990	1843	der Stab ist in Abb. 11 abgebildet.
3	braun	1,45 / 1,01	100 / 200	61 / 121	0,54	$\frac{1}{89\,000}$	940	1175	—
4	»	1,45	100 / 200	61 / 121	0,44	$\frac{1}{109\,000}$	(2160)	(1309)	Bruch erfolgte außerhalb des zylindrischen Teiles.

Zerrissene Holzstäbe.

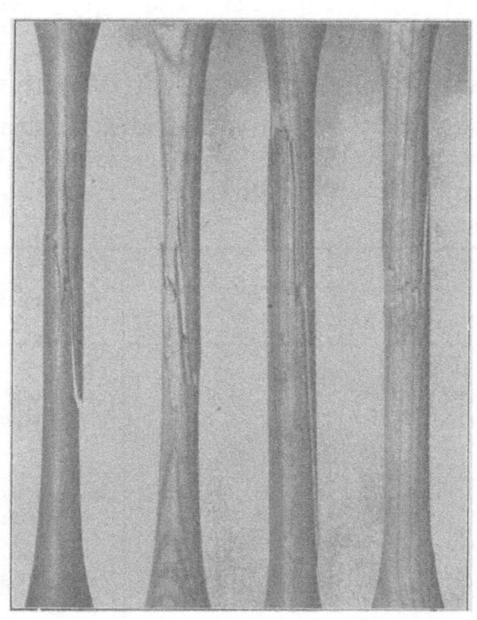

Akazie   Esche A   Hickory   Tanne
Abb. 11.   Abb. 13.   Abb. 15.   Abb. 17.

Werte der federnden und bleibenden Verlängerungen bei verschiedenen Belastungen (in $^1/_{80}$ cm).

P bedeutet Belastung,
λ »   federnde Verlängerung,
λ' »   bleibende   »
auf 10 cm Meßlänge.

Stab	P	100	200	300	400	500	600	700	800	900	1000
1	λ	—	0,38	0,76	1,14	1,52	1,90	2,28	2,67	3,08	3,49
1	λ'	—	0,01	0,02	0,04	0,05	0,07	0,10	0,18	0,20	0,25
2	λ	—	0,37	0,74	1,11	1,48	1,86	2,24	2,64	3,06	3,56
2	λ'	—	0,03	0,05	0,09	0,11	0,14	0,18	0,25	0,30	0,41
3	λ	—	0,54	1,08	1,61	2,15	2,70	3,25	3,82	4,41	—
3	λ'	—	0,01	0,04	0,06	0,14	0,21	0,27	0,38	0,47	—
4	λ	—	0,44	0,88	1,32	1,76	2,20	2,64	3,08	3,53	4,03
4	λ'	—	0,01	0,03	0,05	0,07	0,09	0,12	0,16	0,22	0,30

c) Druckversuche.

α) Elastizitätsversuch.

Durchmesser des Probekörpers . . . . 5,95 cm,
Meßlänge l (Höhe des Probekörpers 47 cm) . . . 25,0 » ,
Raumgewicht . . . . 0,82 kg/cdm.

Die federnden und bleibenden Zusammendrückungen, in $^1/_{200}$ cm, sind in folgender Zusammenstellung angegeben. Die Dehnungszahl der Federung berechnet sich hiernach zu rd. $\dfrac{1}{173\,000}$.

Untere Grenze der Belastungsstufe: 0 kg; Gewicht des halben Probekörpers und des Meßgerätes: rd. 12 kg.

Belastung kg	500	1000	1500	2000	2500	3000	3500	4000	4500	5000
» kg/qcm	18	36	54	72	90	108	126	144	162	180
λ	0,52	1,03	1,55	2,07	2,59	3,15	3,68	4,21	4,76	5,30
λ'	0,02	0,03	0,05	0,06	0,08	0,09	0,11	0,12	0,13	0,15

β) Versuche zur Ermittlung der Druckfestigkeit.

Als Probekörper dienten Würfel von rd. 4 cm Kantenlänge, die aus dem zum Elastizitätsversuch verwendeten Körper herausgeschnitten wurden. Der Druck erfolgte 1) senkrecht auf das Stirnholz, 2) senkrecht auf die Jahresringe, 3) parallel zu den letzteren.

Nr.	Querschnitt	Druckfestigkeit		Richtung von P
	qcm	kg	kg/qcm	
1	17,23	13 800	800	senkrecht zum Stirnholz
2	17,43	12 900	740	
7	17,47	13 450	770	
		Durchschnitt	770	
3	17,51	3100	177	senkrecht zu den Jahresringen
4	17,56	3420	195	
		Durchschnitt	186	
5	17,68	3450	195	parallel den Jahresringen
8	17,26	3400	197	
		Durchschnitt	196	

d) Schlagversuche.

Die Ergebnisse sind unter V d) mitgeteilt.

Abb. 12 (Vergrößerung 8 fach) zeigt einen Querschnitt durch ein Stück des Holzes senkrecht zur Faserrichtung.

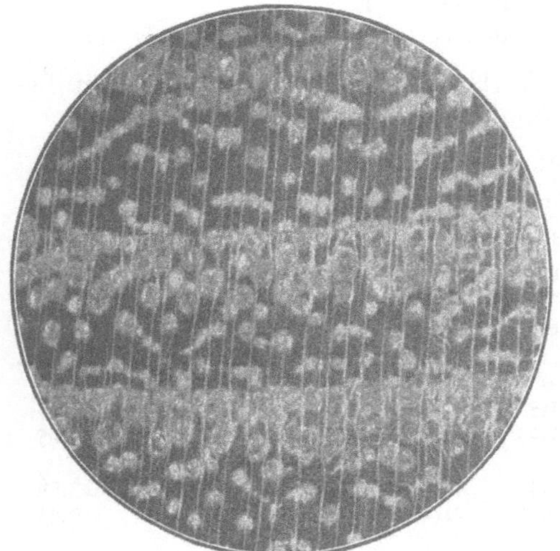

Abb. 12. Akazie.

III. Versuche mit Eschenholz.

a) Biegungsversuche.

Breite des Stabes b . . . . 3,97 cm,
Höhe » » h . . . . 8,03 » ,
Auflagerentfernung l . . . . 100,0 » ,
Gewicht der Raumeinheit . . . . 0,77 kg/cdm.

Die Größe der federnden und bleibenden Durchbiegungen y und y', mm, geht aus der folgenden Zahlentafel hervor.

	untere	obere						
	Grenze der Belastung							
Belastung kg	100	150	200	300	400	500	600	700
» kg/qcm	59	88	117	176	234	293	352	410
y	0,00	0,58	1,16	2,33	3,56	4,76	6,00	7,37
y'	—	0,07	0,14	0,24	0,35	0,52	0,77	1,20

Die Durchbiegungen sind den Belastungen bis 300 kg (entsprechend 176 kg/qcm) proportional. Die Dehnungszahl der Federung berechnet sich, ohne Berücksichtigung der Formänderung infolge der Schubkraft, zu

$$\alpha = \frac{1}{105\,000}.$$

Bei der Belastung $P = 1270$ kg (744 kg/qcm) hatte sich der Stab um 35 mm durchgebogen, ohne zu brechen. Er wurde der Höhe nach in zwei Teile zerlegt, die einzeln Prüfung erfuhren.

Stab	Höhe	Breite	Biegungsfestigkeit	
	cm	cm	kg	kg/qcm
I	3,60	3,96	290	848
II	3,78	3,96	350	928

b) Zugversuche.

Die Versuche wurden durchgeführt, wie unter IIb) angegeben.

Nr.	Durch-messer	Belastungsstufe		Federung in $^1/_{80}$	Dehnungs-zahl der Federung	Zugfestigkeit		Bemerkungen
	cm	kg	kg/qcm	cm		kg	kg/qcm	
1	1,49	100 / 200	$\frac{57}{115}$	0,41	$\frac{1}{113\,000}$	2320	1333	—
2	1,50	100 / 200	$\frac{57}{113}$	0,41	$\frac{1}{109\,000}$	—	—	Bruch erfolgte außerhalb des zylindrischen Teiles.
3	1,50	100 / 200	$\frac{57}{113}$	0,29	$\frac{1}{155\,000}$	—	—	—
	1,18	—	—	—	—	2375	2179	Stab ist in Abb. 13, S. 54, ab-[gebildet.
4	1,48	100 / 200	$\frac{58}{116}$	0,38	$\frac{1}{122\,000}$	—	—	Bruch erfolgte außerhalb des zylindrischen Teiles.

Werte der federnden und bleibenden Verlängerungen bei verschiedenen Belastungen.

Stab	P	untere	obere Grenze der Belastungsstufe, kg								
		100	200	300	400	500	600	700	800	900	1000
1	λ	—	0,41	0,81	1,21	1,61	2,04	2,46	2,87	3,28	3,69
	λ'	—	0,02	0,05	0,08	0,12	0,16	0,25	0,33	0,41	0,51
2	λ	—	0,41	0,81	1,21	1,61	2,01	2,43	2,85	3,27	3,69
	λ'	—	0,01	0,05	0,09	0,12	0,18	0,27	0,37	0,43	0,54
3	λ	—	0,29	0,57	0,85	1,14	1,43	1,72	2,02	2,32	2,62
	λ'	—	0,00	0,02	0,03	0,04	0,04	0,05	0,06	0,08	0,10
4	λ	—	0,38	0,76	1,14	1,53	1,94	2,34	2,75	3,16	3,58
	λ'	—	0,00	0,02	0,04	0,07	0,11	0,16	0,20	0,31	0,43

c) Druckversuche.

α) Elastizitätsversuch.

Durchmesser des Probekörpers . . . . 8,95 cm,
Meßlänge l (Höhe des Probekörpers 47 cm) . . . 25,0 » ,
Raumgewicht . . . . 0,64 kg/cdm.

Die federnden und bleibenden Zusammendrückungen in $^1/_{200}$ cm sind in folgender Zahlentafel angegeben.

Untere Grenze der Belastungsstufe: 0 kg, Gewicht der Meßgeräte und des halben Probekörpers: rd. 12 kg.

Belastung kg	1000	2000	3000	4000	5000	6000	7000	8000	9000	10000
» kg/qcm	16	32	48	64	80	95	111	127	143	159
λ	0,94	1,89	2,83	3,78	4,74	5,76	6,73	7,71	8,73	9,71
λ'	0,03	0,05	0,06	0,08	0,17	0,22	0,29	0,33	0,36	0,42

Die Dehnungszahl der Federung findet sich hiernach zu rd.

$$\alpha = \frac{1}{85\,000} .$$

β) Versuche zur Ermittlung der Druckfestigkeit.

Nr.	Querschnitt qcm	Druckfestigkeit kg	Druckfestigkeit kg/qcm	Richtung von P
1	19,71	9790	496	senkrecht zum
2	19,85	9050	456	Stirnholz
		Durchschnitt	476	
3	19,58	2300	118	senkrecht zu den
4	20,03	2600	130	Jahresringen
		Durchschnitt	124	
5	19,94	3480	175	parallel zu den
6	19,94	3800	191	Jahresringen
		Durchschnitt	183	

d) Schlagversuche.

Die Ergebnisse sind unter V d) angeführt.

Abb. 14 (Vergrößerung 8 fach) zeigt einen Querschnitt durch ein Stück des Holzes senkrecht zur Faserrichtung.

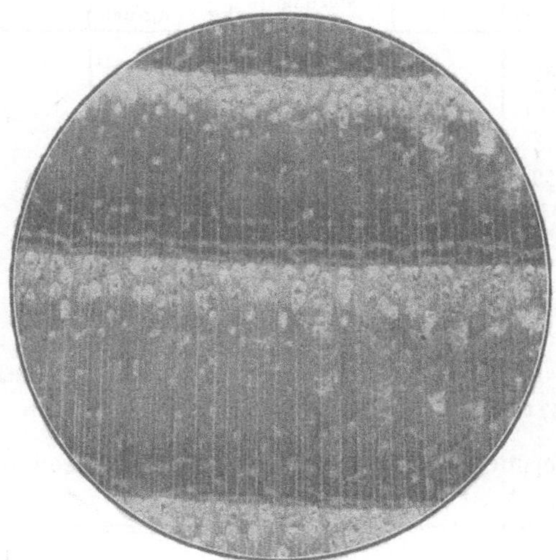

Abb. 14. Esche A.

IV. Versuche mit Hickoryholz[1]).

a) Biegungsversuche.

Breite des Stabes . . . . 3,95 cm,
Höhe » » . . . . 8,00 » ,
Auflagerentfernung . . . . 100,0 » ,
Raumgewicht . . . . 0,80 kg/cdm.

Die Größe der federnden und bleibenden Durchbiegungen geht aus der nachstehenden Zahlentafel hervor.

		untere				obere			
					Grenze der Belastungsstufe				
Belastung	kg	100	200	300	400	500	600	700	800
»	kg/qcm	59	119	178	237	297	356	415	475
y	mm	—	0,85	1,71	2,55	3,37	4,23	5,09	6,02
y'	»	—	0,03	0,04	0,05	0,07	0,14	0,16	0,19

Die Durchbiegungen erweisen sich bis $P = 700$ kg den Belastungen nahezu proportional. Die Dehnungszahl der Federung berechnet sich, wenn von der Wirkung der Schubkraft abgesehen wird, zu

$$\alpha = \frac{1}{145\,000}.$$

Der Bruch des Stabes erfolgte unter $P = 1680$ kg, entsprechend einer Biegungsfestigkeit von $K_b = 997$ kg/qcm.

---

[1]) Hickory, weißer, nordamerikanischer Walnußbaum, juglans alba.

b) Zugversuche.

Die Durchführung der Versuche erfolgte, wie unter IIb) angegeben.

Nr.	Durch-messer cm	Belastungsstufe kg	kg/qcm	Federung in $^1/_{80}$ cm	Dehnungs-zahl der Federung	Zugfestigkeit kg	kg/qcm	Bemerkungen
1	1,46	$\frac{100}{400}$	$\frac{60}{239}$	0,87	$\frac{1}{165\,000}$	—	—	—
	1,17	—	—	—	—	2160	2000	
2	1.47	$\frac{100}{400}$	$\frac{59}{236}$	0,72	$\frac{1}{197\,000}$	—	—	—
	1,19	—	—	—	—	2440	2198	
3	1,47	$\frac{100}{400}$	$\frac{59}{236}$	0,85	$\frac{1}{167\,000}$	—	—	—
	1,21	—	—	—	—	2120	1843	
4	1,47	$\frac{100}{800}$	$\frac{59}{471}$	1,60	$\frac{1}{206\,000}$	3480	2047	der Stab ist in Abb. 15, S. 54, abgebildet.

Werte der federnden und bleibenden Verlängerungen für verschiedene Belastungsstufen.

Stab	P	untere	obere Grenze der Belastungsstufe, kg							
		100	200	300	400	500	600	700	800	900
1	λ	—	0,30	0,59	0,87	1,14	1,41	1,72	2,04	—
	λ'	—	0,00	0,02	0,03	0,05	0,07	0,07	0,07	—
2	λ	—	0,25	0,49	0,72	0,95	1,19	1,45	1,69	1,92
	λ'	—	0,01	0,02	0,03	0,04	0,05	0,05	0,06	0,07
3	λ	—	0,30	0,58	0,85	1,12	1,41	1,71	—	—
	λ'	—	0,00	0,01	0,02	0,04	0,04	0,06	—	—
4	λ	—	0,24	0,47	0,69	0,91	1,15	1,38	1,60	—
	λ'	—	0,01	0,02	0,03	0,04	0,04	0,06	0,06	—

c) Druckversuche.

α) Elastizitätsversuch.

Durchmesser des Probekörpers . . . . 5,94 cm,

Meßlänge (Höhe des Probekörpers 47 cm) . . . 25,0 » ,

Raumgewicht . . . . 0,75 kg/cdm.

Die Größe der federnden und bleibenden Zusammendrückungen in $^1/_{200}$ cm ergibt sich aus der folgenden Zusammenstellung.

Auf Grund derselben berechnet sich die Dehnungszahl der Federung unter Zugrundelegung der Belastungsstufe $^0/_{5000}$ kg zu

$$\alpha = \frac{1}{182\,000}.$$

Untere Grenze der Belastungsstufe: 0 kg, Gewicht der Meßgeräte und des halben Probekörpers: rd. 12 kg.

Belastung kg	500	1000	1500	2000	2500	3000	3500	4000	4500	5000	6000	7000
» kg/qcm	18	36	54	72	90	108	126	144	162	180	217	253
λ	0,50	1,00	1,49	1,98	2,47	2,96	3,46	3,95	4,45	4,95	5,99	7,02
λ'	0,00	0,00	0,01	0,02	0,04	0,05	0,05	0,08	0,11	0,13	0,23	0,32

p) Versuche zur Ermittlung der Druckfestigkeit.

Nr.	Querschnitt	Druckfestigkeit		Richtung
	qcm	kg	kg/qcm	der Belastung
1	17,56	11710	667	senkrecht zum
2	17,72	10800	609	Stirnholz
		Durchschnitt	638	
3	17,77	2720	153	senkrecht zu den
4	17,77	4750	267	Jahresringen
8	17,68	3800	215	
9	17,72	3550	200	
		Durchschnitt	209	
5	17,81	3350	188	parallel zu den
6	17,77	4800	270	Jahresringen
7	17,77	3950	222	
		Durchschnitt	227	

d) Schlagversuche.

Die Ergebnisse sind unter V d) angegeben.

Abb. 16 (Vergrößerung 8 fach) zeigt einen Querschnitt senkrecht zur Faserrichtung.

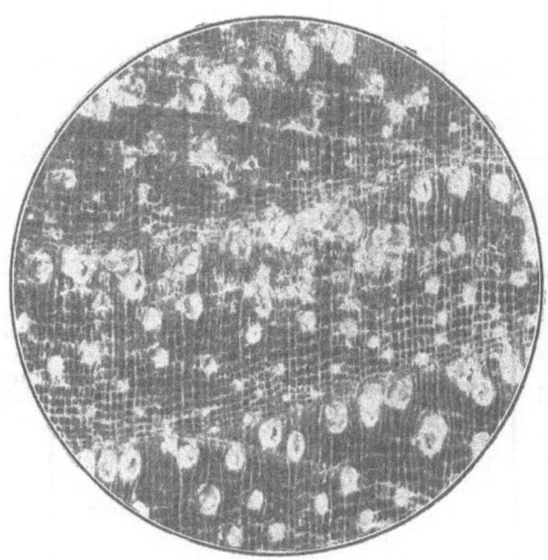

Abb. 16. Hickory.

V. Versuche mit einigen anderen Holzarten.

Um einen unmittelbaren Vergleich zu ermöglichen, seien noch folgende Versuchsergebnisse kurz mitgeteilt.

a) Biegungsversuche.

Eichenholz.

$b = 4{,}06$ cm, $h = 7{,}91$ cm, $l = 100$ cm, Raumgewicht 0,77 kg/cdm.

Belastung	kg	100	200	300	400	500	600	700	800
»	kg/qcm	59	118	177	236	295	354	413	472
federnde Durchbiegung .	mm	—	1,09	2,19	3,28	4,37	5,58	6,84	8,21
bleibende » .	»	—	0,03	0,07	0,20	0,29	0,53	0,78	1,17

Die Dehnungszahl der Federung, ohne Berücksichtigung der Schubkraft, beträgt hiernach rd.

$$\alpha = \frac{1}{114\,000}.$$

Der Bruch erfolgte unter $P = 1270$ kg, entsprechend einer Biegungsfestigkeit $K_b = 750$ kg/qcm.

Tannenholz.

$b = 3,86$ cm, $h = 8,05$ cm, $l = 100$ cm, Raumgewicht 0,5 kg/cdm.

Belastung	kg	100	200	300	400
»	kg/qcm	60	120	180	240
federnde Durchbiegung	mm	—	1,37	2,78	4,39
bleibende »	»	—	0,06	0,21	0,57

$$\alpha = \frac{1}{91\,000}.$$

Der Stab wurde der Höhe nach geteilt und jede Hälfte einzeln der Biegungsprobe unterworfen.

Stab	Höhe	Breite	Biegungsfestigkeit	
	cm	cm	kg	kg/qcm
I	3,63	3,70	260	800
II	3,82	3,80	270	731

b) Zugversuche.

Holzart	Nr.	Durch-messer	Dehnungszahl der Federung, Belastungsstufe $^0/_{200}$ kg	Zugfestigkeit		Bemerkungen
				kg	kg/qcm	
Eiche	1	1,44	$\frac{1}{61\,000}$	800	491	sehr »kurzer« Bruch
	2	1,45	$\frac{1}{173\,000}$	2290	(1388)	Bruch erfolgte außerhalb des zylindrischen Teiles.
Rotbuche	1	1,41	—	2100	1345	—
Tanne	1	1,48	—	1100	640	—
	2	1,45	$\frac{1}{123\,000}$	1000	606	—
	3	1,47	—	1280	753	Stab in Abb. 17, S. 54, ab-[gebildet
	4	1,47	$\frac{1}{91\,000}$	1235	726	—
	5	1,37	—	2150	1459	Holz von anderer Herkunft als bei Stab 1 bis 4

Werte der bleibenden und federnden Verlängerungen in $^1/_{80}$ cm; Meßlänge 10 cm.

Holzart	P	100	200	300	400	500	600	700	800	900	1000
Eich	λ	—	0,82	1,65	2,50	3,38	4,28	—	—	—	—
	λ'	—	0,08	0,15	0,24	0,43	0,64	—	—	—	—
	λ	—	0,28	0,56	0,84	1,12	1,42	1,74	2,05	2,37	3,69
	λ'	—	0,02	0,03	0,05	0,08	0,10	0,14	0,20	0,24	0,33
Tanne	λ	—	0,39	0,78	1,19	1,56	1,95	2,36	2,74	3,51	—
	λ'	—	0,04	0,12	0,24	0,38	0,83	1,04	1,21	1,31	—
	λ	—	0,52	1,03	1,54	2,05	2,61	3,13	3,65	4,16	—
	λ'	—	0,01	0,01	0,01	0,02	0,02	0,05	0,10	0,12	—

c) Druckversuche.

α) Elastizitätsversuche.

Eichenholz.

Durchmesser 8,45 cm, Höhe 45 cm, Meßlänge 25,0 cm, Raumgewicht 0,89 kg/cdm.

Belastung kg	1000	2000	3000	4000	5000	6000	7000	8000	9000	10000
» kg/qcm	18	36	54	72	89	107	125	143	161	179
λ in $1/_{200}$ cm . .	0,84	1,68	2,51	3,35	4,20	5,09	6,01	6,99	8,00	9,05
λ'	0,04	0,07	0,11	0,20	0,29	0,40	0,48	0,75	1,04	1,35

$$\text{Dehnungszahl der Federung } \alpha = \frac{1}{106\,000}.$$

Aeltere Versuche der Materialprüfungsanstalt Stuttgart, durchgeführt an Probekörpern mit nahezu quadratischem Querschnitt, haben folgende Ergebnisse geliefert.

Körper I. Querschnitt $20,17 \cdot 20,14 = 406,2$ qcm. Höhe 35 cm. Meßlänge 25 cm. Raumgewicht 1,05 kg/cdm.

Die Prüfung erfolgte im Einlieferungszustand; der Druck wurde senkrecht zur Stirnholz ausgeübt.

Belastung . . .	kg	6000	12000	18000	24000
» . . .	kg/qcm	14,8	29,5	44,3	59,1
λ in $1/_{1200}$ . . .	cm	5,01	12,02	19,40	26,84
λ' » » . . .	»	0,32	0,50	0,78	1,03

$$\alpha = \frac{1}{88\,500} \text{ bis } \frac{1}{59\,600}.$$

Körper II. Querschnitt $20,11 \cdot 20,08 = 403,8$ qcm. Höhe 20 cm. Meßlänge 7 cm. Raumgewicht 1,1 kg/cdm.

Die Prüfung erfolgte, nachdem der Körper 8 Tage lang im Wasser gelegen hatte. Der Druck wurde senkrecht zu den Jahresringen ausgeübt.

Belastung . . .	kg	6000	12000	18000
» . . .	kg/qcm	14,9	29,7	44,6
λ in $1/_{1200}$ . . .	cm	11,94	23,88	38,24
λ' » » . . .	»	1,36	2,50	4,08

$$\alpha = \frac{1}{10\,500} \text{ bis } \frac{1}{8700}.$$

Körper III. Querschnitt $20,21 \cdot 20,14 = 407,0$ qcm. Höhe 35 cm. Meßlänge 7 cm. Raumgewicht 1,1 kg/cdm.

Die Prüfung erfolgte, nachdem der Körper 9 Tage im Wasser gelegen hatte. Der Druck wurde parallel zu den Jahresringen ausgeübt.

Belastung . .	kg	6000	12000	14000
» . . .	kg/qcm	14,7	29,5	34,4
λ in $1/_{2200}$ . . .	cm	21,62	48,99	58,14
λ' » » . . .	»	2,24	5,06	8,72

$$\alpha = \frac{1}{5700} \text{ bis } \frac{1}{4500}.$$

Körper IV. Querschnitt $20,12 \cdot 20,10 = 404,4$ qcm. Höhe 35 cm. Raumgewicht 1,04 kg/cdm.

Belastung	kg	4000	12000
»	kg/qcm	9,9	29,7
	Meßlänge	25 cm	7 cm
λ in $1/_{1200}$	cm	39,14	55,33
λ' » »	»	2,75	7,80

$$\alpha = \frac{1}{7600} \text{ bis } \frac{1}{4800}.$$

Körper V. Querschnitt $20,10 \cdot 20,17 = 405,4$ qcm. Höhe 35 cm. Meßlänge 7 cm. Raumgewicht 1,04 kg/cdm.

Die Prüfung erfolgte im Einlieferungszustand. Der Druck wurde parallel zu den Jahresringen ausgeübt.

$$\begin{array}{lcccc}
\text{Belastung} & \dots\dots & \text{kg} & 6000 & 12000 \\
\text{»} & \dots\dots & \text{kg/qcm} & 14,8 & 29,6 \\
\lambda \text{ in } {}^{1}/_{1200} & \dots\dots & \text{cm} & 16,85 & 39,08 \\
\lambda' \text{ » } \text{ » } & \dots\dots & \text{»} & 1,67 & 2,20
\end{array}$$

$$\alpha = \frac{1}{7400} \text{ bis } \frac{1}{5600}$$

Körper VI. Querschnitt $20,13 \cdot 19,83 = 399,2$ qcm. Höhe 19 cm. Meßlänge 7 cm. Raumgewicht 1,04 kg/cdm.

$$\begin{array}{lcccc}
\text{Belastung} & \dots & \text{kg} & 6000 & 12000 & 18000 \\
\text{»} & \dots & \text{kg/qcm} & 15,0 & 30,1 & 45,1 \\
\lambda \text{ in } {}^{1}/_{1200} & \dots & \text{cm} & 10,66 & 22,63 & 36,79 \\
\lambda' \text{ » } \text{ » } & \dots & \text{»} & 0,79 & 1,54 & 3,78
\end{array}$$

$$\alpha = \frac{1}{11700} \text{ bis } \frac{1}{8800}.$$

Tannenholz.

Durchmesser 8,42 cm, Höhe 45 cm, Meßlänge 30 cm, Raumgewicht 0,38 kg/cdm.

Belastung kg/qcm	9	18	36	54	72	90	108
λ	0,58	1,18	2,42	3,68	4,93	6,19	7,47
λ'	0,00	0,02	0,10	0,15	0,19	0,29	0,41

Dehnungszahl der Federung $\alpha = \dfrac{1}{93000}$.

β) Versuche zur Ermittlung der Druckfestigkeit.

Holzart	Nr.	Querschnitt qcm	Druckfestigkeit kg	Druckfestigkeit kg/qcm	Richtung der Belastung	Raumgewicht kg/cdm
Eiche	1	19,45	8220	422	senkrecht zum Stirnholz	—
	2	19,58	7750	396		—
			Durchschnitt	409		
	3	19,76	2180	110	senkrecht zu den Jahres-	—
	4	19,40	4250	219	ringen	—
	7	19,49	3700	190		—
			Durchschnitt	173		
	5	19,67	2430	124	parallel zu den Jahres-	—
	8	19,32	2600	135	ringen	—
			Durchschnitt	130		
Rotbuche	1	49,17	24520	499		0,66
	2	49,4	17250	350	senkrecht zum Stirnholz	0,63
	3	49,2	23250	473		0,67
	4	48,9	22350	457		0,67
	5	49,6	6000	121		0,65
	6	49,7	7000	141	senkrecht zu den Jahres-	0,77
	7	48,8	7000	144	ringen	0,70
	8	50,1	4250	85	parallel zu den Jahres-	0,65
	9	50,1	5800	116	ringen	0,77
	10	49,4	5400	109		0,70
Tanne von verschiedener Herkunft	1	48,86	17300	354	senkrecht zum Stirnholz	0,41
	2	48,58	18230	375		0,39
	3	48,09	22060	459		9,46
	4	48,37	22960	575		0,46
	5	49,1	15000	306		0,39
	6	48,4	19000	393		0,43
	7	48,5	20000	412		0,46
	8	49,0	1750	36	senkrecht zu den Jahres-	0,47
	9	48,6	1700	35	ringen	0,36
	10	49,5	1500	30		0,39
	11	49,4	1500	30	parallel zu den Jahres-	0,38
	12	49,1	1500	31	ringen	0,35
	13	49,6	1700	34		0,39

d) Schlagversuche.

Die Versuchsdurchführung erfolgte, wie unter I d) angegeben. Die Stäbe besaßen quadratischen Durchschnitt von etwa 2 cm Kantenlänge. Die Auflagerentfernung betrug 25 cm.

Holzart	Richtung des Schlages	Querschnitt f	zum Bruch verbrauchte Arbeit		Stab abgebildet in
		qcm	A mkg	$A:f$ mkg/qcm	
Akazie	∥ zu den Jahresringen	3,84	4,13	1,1	—
	⊥ » » »	3,94	4,65	1,2	—
	quer » » »	3,90	5,05	1,3	—
	» » » »	3,92	5,59	1,4	—
	» » » »	3,90	5,81	1,5	—
	» » » »	3,92	5,58	1,4	Abb. 18
Eiche	quer » » »	4,26	0,73	0,2	—
	» » » »	4,04	0,50	0,1	—
	» » » »	4,20	1,93	0,5	Abb. 18, vergl. auch
	» » » »	4,26	0,50	0,1	— Abb. 19
	» » » »	3,76	0,22	0,1	—
	» » » »	4,16	0,45	0,1	—
	» » » »	4,24	0,39	0,1	—
Esche, Lieferant A	∥ » » »	4,00	3,19	0,8	—
	⊥ » » »	3,96	2,18	0,6	—
	quer » » »	3,90	2,31	0,6	—
	» » » »	3,90	2,36	0,6	—
	» » » »	3,86	1,71	0,4	—
	» » » »	3,84	2,53	0,7	—
Esche, Lieferant B	∥ » » »	4,10	6,83	1,7	Abb. 18
	∥ » » »	4,62	6,97	1,5	»
	∥ » » »	4,69	8,66	1,8	—
	⊥ » » »	4,77	2,42	0,5	—
Hickory	∥ » » »	3,90	5,86	1,5	Abb. 18
	⊥ » » »	3,86	7,37	1,9	—
	quer » » »	3,94	4,62	1,2	—
	» » » »	3,90	5,45	1,4	—
	» » » »	3,86	4,24	1,1	—
Tanne	⊥ » » »	4,52	3,33	0,7	Abb. 18
	∥ » » »	4,88	0,69	0,1	—
	quer » » »	4,24	1,73	0,4	—
	» » » »	4,47	3,06	0,7	—
	» » » »	4,39	2,46	0,6	—

Abb. 18. Schlagversuche mit Holz.

Der höchste Wert für die Schlagarbeit, 1,9 mkg/qcm, hat sich für einen Stab aus Hickoryholz ergeben, das auch nicht zu bedeutende Schwankungen in dieser Größe aufweist (1,1 bis 1,9 mkg/qcm, im Mittel 1,4) An nächster Stelle stünde das Eschenholz, Lieferant B, wenn nicht hier ein Stab mit nur

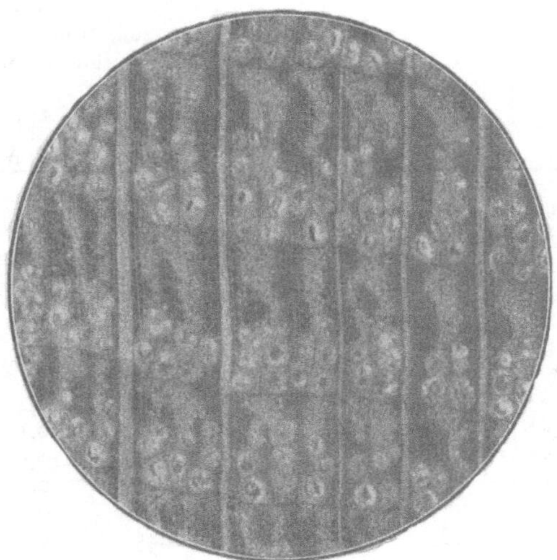

Abb. 19. Eiche.

0,5 mkg/qcm vorhanden wäre. Am gleichmäßigsten hat sich das Akazienholz erwiesen (1,1 bis 1,5, im Durchschnitt 1,4 mkg/qcm. Die geringsten Werte hat das geprüfte Eichenholz ergeben (0,1 bis 0,5, im Mittel 0,2 mkg/qcm). Nicht ungünstig haben sich einzelne Stäbe des — nicht ausgesuchten — Tannenholzes verhalten [1]).

[1]) Zum Vergleich wurden Schlagversuche mit kreiszylindrischen Stäben, Auflagerentfernung 12 cm, auf einem anderen Schlagwerk mit anderer Schlaggeschwindigkeit ausgeführt.

Holzart	Querschnitt f	zum Bruch verbrauchte Arbeit		
		A	$A : f$	
	qcm	mkg	mkg/qcm	
Esche, Lieferant B	6,83	>25,46	>3,7	Stab nicht ganz
	6,83	23,55	3,5	[gebrochen
Tanne	6,83	6,48	1,0	
	6,79	7,16	1,1	
Rotbuche	6,79	8,05	1,2	
	6,83	6,96	1,0	
Weißbuche	6,83	6,34	0,9	
	6,83	6,86	1,0	

Eschenholz, Lieferant B, hat somit im Durchschnitt rd. 3,6 mkg qcm, also wesentlich mehr Arbeit zum Bruch verbraucht, als bei der Prüfung der längeren Stäbe. (1,7 mkg/qcm, wenn von dem einen schlechteren Stabe abgesehen wird.) Dasselbe ist beim Tannenholz der Fall. Es stehen sich gegenüber 1,05 und 0,5 mkg/qcm. Das Verhältnis der Arbeitswerte bei den beiden Versuchsreihen beträgt für das Eschenholz $\frac{3,6}{1,7} = 2,1$ und für das Tannenholz $\frac{1,05}{0,5} = 2,1$, also ebensoviel. Soweit aus diesem Ergebnis ein Schluß gezogen werden darf, erscheint, wenigstens für das geprüfte Holz, das Verhältnis der zum Bruch verbrauchten Arbeitsmengen von der Art der Versuchsdurchführung unabhängig.

Zusammenfassung.

I. Bambus.

Die Biegungsfestigkeit dicker Rohre (äußerer Durchmesser rd. 8 cm) hat sich weit geringer ergeben, als diejenige dünnerer Rohre (äußerer Durchmesser rd. 2 bis 3 cm). Die beim Biegungsbruch auftretenden Werte der rechnungsmäßigen Normalspannung liegen zwischen 722 und 2760 kg/qcm.

Die Zugfestigkeit ist für die äußeren und inneren Querschnittsteile sehr verschieden. Für die ersteren sind Werte bis zu 3843 (d. i. die Zugfestigkeit von Flußeisen), für die letzteren solche von 1353 bis 1947 kg/qcm ermittelt worden.

Die Dehnungszahl der Federung kann im Mittel zu rd.

$$\alpha = \frac{1}{200\,000}$$

gesetzt werden. Die festeren Fasern haben sich als steifer $\left(\alpha \text{ bis } \frac{1}{310\,000}\right)$, die weniger festen Fasern als elastischer erwiesen $\left(\alpha \text{ bis } \frac{1}{100\,000}\right)$.

Die Druckfestigkeit kurzer Stücke hat zwischen 548 und 863 kg/qcm betragen.

Umwicklung der Rohre zwischen den Knoten mit Draht hat eine Erhöhung der Druckfestigkeit nicht hervorgerufen, dagegen bei den längeren Stäben das völlige Auseinandersplittern der Rohre beim Bruch verhütet.

Der Befestigungskoeffizient der Eulerschen Gleichung (vergl. S. 50) hat sich für die rd. 1 m langen Stäbe zu $1,9\,\pi^2$ bis $3,3\,\pi^2$ ergeben; ein ausgesprochener Einfluß der Drahtumwicklung auf die Knicklast war nicht festzustellen.

Der Arbeitsverbrauch beim Durchschlagen betrug im Durchschnitt etwa 2,4 mkg/qcm (Auflagerentfernung 25 cm, Rohrdurchmesser etwa 3 cm). Von Interesse ist die Beobachtung, daß der Schlag auf den Knoten anders wirkt als der auf den Schaft, vergl. Abb. 9, S. 52.

II. Die geprüften Holzarten.

Die bei den Versuchen gefundenen Grenzwerte sind im folgenden zusammengestellt. Sie beweisen die Richtigkeit der im ersten Absatz dieser Arbeit gemachten Bemerkung, daß die Festigkeitseigenschaften des Holzes keine so festliegenden Größen sind, wie das bei Metallen der Fall zu sein pflegt. Die mitgeteilten Zahlen zeigen aber auch, daß Holz von guter Beschaffenheit beträchtliche Festigkeit und Widerstandsfähigkeit gegen Schlagwirkungen besitzt. Der Schlagversuch scheint ein einfaches Mittel darzustellen, um die Güte des Holzes in gewisser Hinsicht zu prüfen, insbesondere auch über die Gleichmäßigkeit des Materials Aufschluß zu gewähren.

Holzart und Raumgewicht kg/cdm	Dehnungszahl der Federung			Festigkeit			Arbeitsverbrauch beim Durchschlagen[3] mkg/qcm
	Zug	Druck[1]	Biegung	Zug kg/qcm	Druck[1] kg/qcm	Biegung kg/qcm	
Akazie 0,82 bis 0,86	$\dfrac{1}{89\,000}$ bis $\dfrac{1}{128\,000}$	$\dfrac{1}{173\,000}$ $\perp$	$\dfrac{1}{150\,000}$	1175 bis 1843	740 bis 800 $\big\}\,\perp$ 177 und 195 $\big\}\,\perp\!\!\!\perp$ 195 und 197 $\big\}\,\parallel$	1079	1,1 bis 1,5
Eiche 0,77 und 0,89 1,04 bis 1,1 [2]	$\dfrac{1}{61\,000}$ und $\dfrac{1}{173\,000}$	$\dfrac{1}{106\,000}$ $\perp$ $\left.\dfrac{1}{88\,500}\text{ bis }\dfrac{1}{59\,600}\ \perp\ \right.$ $\dfrac{1}{7600}$ » $\dfrac{1}{4800}$ $\parallel$ $\dfrac{1}{11\,700}$ » $\dfrac{1}{8800}$ $\perp\!\!\!\perp$ $\Big\}$ trocken[2] $\dfrac{1}{5700}$ » $\dfrac{1}{4500}$ $\parallel$ $\dfrac{1}{10\,500}$ » $\dfrac{1}{8700}$ $\perp\!\!\!\perp$ $\Big\}$ naß[2]	$\dfrac{1}{114\,000}$	491 bis >1388	396 und 422 $\big\}\,\perp$ 110 bis 219 $\big\}\,\perp\!\!\!\perp$ 124 und 135 $\big\}\,\parallel$	750	0,1 bis 0,5
Esche, **Lieferant A** 0,64 und 0,77	$\dfrac{1}{109\,000}$ bis $\dfrac{1}{155\,000}$	$\dfrac{1}{85\,000}$ $\perp$	$\dfrac{1}{105\,000}$	1333 und 2179	456 und 496 $\big\}\,\perp$ 118 und 130 $\big\}\,\perp\!\!\!\perp$ 175 und 191 $\big\}\,\parallel$	848 und 928	0,4 bis 0,8
Esche, **Lieferant B**	—	—	—	—	—	—	0,5 bis 1,8
Hickory 0,75 und 0,80	$\dfrac{1}{165\,000}$ bis $\dfrac{1}{206\,000}$	$\dfrac{1}{182\,000}$ $\perp$	$\dfrac{1}{145\,000}$	1843 bis 2198	609 und 667 $\big\}\,\perp$ 153 bis 267 $\big\}\,\perp$ 188 bis 270 $\big\}\,\parallel$	997	1,1 bis 1,9
Rotbuche 0,66 bis 0,77	—	—	—	1345	350 bis 499 $\big\}\,\perp$ 121 bis 144 $\big\}\,\parallel$ 85 bis 116 $\big\}\,\perp\!\!\!\perp$	—	—
Tanne 0,38 bis 0,5	$\dfrac{1}{91\,000}$ und $\dfrac{1}{123\,000}$	$\dfrac{1}{93\,000}$ $\perp$	$\dfrac{1}{91\,000}$	606 bis 1459	306 bis 475 $\big\}\,\perp$ 30 bis 41 $\big\}\,\perp\!\!\!\perp$ 30 bis 35 $\big\}\,\parallel$	800 und 731	0,1 bis 0,7

[1] Es bedeutet: $\perp$ Druck senkrecht zum Stirnholz, $\perp\!\!\!\perp$ Druck senkrecht zu den Jahresringen. $\parallel$ Druck parallel zu den Jahresringen.

[2] nach älteren Versuchen.

[3] Auflagerentfernung 25 cm, Stabquerschnitt 2·2 cm.

Nachtrag.

Ergebnisse der Prüfung von Holzrohren auf Drehungs-, Biegungs- und Druckfestigkeit.

Die Herstellung der Holzrohre erfolgt bekanntlich durch Verleimen von durch Sägen oder Spalten erzeugten Holzblättern oder Holzstreifen. Die Faserrichtung wird in der Regel bei aufeinander folgenden Lagen gekreuzt. Manchmal finden auch Leinwandzwischenlagen Verwendung.

I) Holzrohr,

hergestellt von Hrn. Maschinenbauer Rüb in Ulm a/D.

Das Rohr hatte die Aufgabe, Drehungsmomente zu übertragen. Es bestand aus kreuzweise verleimten, unter 45° zur Rohrachse geneigt verlaufenden Streifen von Rüsterholz-Furnier.

1. Rohrabschnitt.

äußerer Durchmesser des Rohres . . . . 17,45 cm
Wandstärke   »   »   . . . . 0,83 »
freie Länge zwischen den Einspannteilen der Prüfmaschine . . . 151,5 »
Gewicht von 1 m des Rohres . . . . 2,9 kg.

Der Bruch des Rohres erfolgte unter der Einwirkung eines drehenden Momentes von 53 000 cmkg in der aus Abb. 20 ersichtlichen Weise.

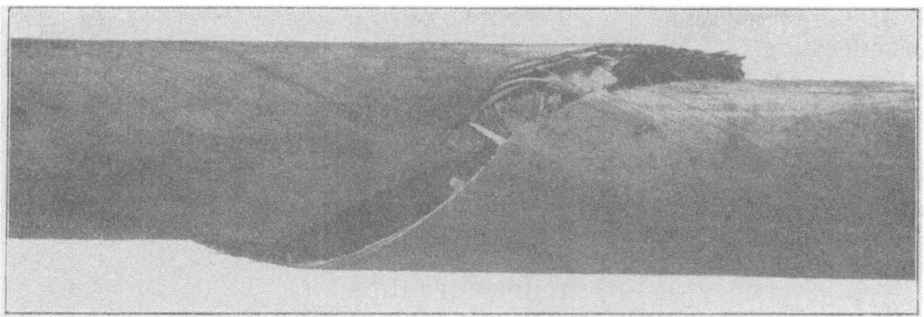

Abb. 20.

2. Rohrabschnitt.

äußerer Durchmesser des Rohres . . . . 17,5 cm
Wandstärke   »   »   . . . . 0,9 »
freie Länge zwischen den Einspannteilen der Prüfmaschine . . . 50,7 »
Bruchmoment . . . . 63 000 kgcm.

Verwendet man zur Berechnung der Drehungsbeanspruchung die allgemein üblichen Gleichungen, läßt also außer acht, daß es sich nicht um ein homogenes und isotropes Material handelt (siehe oben), so ergibt sich die Drehungsfestigkeit

für den 1. Rohrabschnitt zu rd. . . . . . . 150 kg/qcm
» » 2.   »   » » 170   »

Eine genauere Betrachtung der Verhältnisse (vergl. auch Abb. 20) läßt erkennen, daß die eine Hälfte der Streifen, aus denen das Rohr verleimt ist, quer zur Faserrichtung auf Zug beansprucht wird. In dieser Richtung besitzt das Holz bekanntlich sehr geringe Zugfestigkeit[1]). Berücksichtigt man noch die Ungleichförmigkeit der Kraftübertragung, wie sie insbesondere bei nicht ganz vollkommener Verleimung eintreten wird, so erscheint die geringe Drehungsfestigkeit begreiflich.

Holz eignet sich infolge seiner ausgesprochenen Faserrichtung überhaupt wenig zur Uebertragung von Drehmomenten. Um einen Vergleich zu ermöglichen, wurden zwei Rundstäbe aus Tannenholz hergestellt und der Verdrehung unterworfen.

Durchmesser des Stabes 2,46   2,46 cm
Bruchmoment (Verdrehung) 339   250 kg cm
Drehungsfestigkeit nach der üblichen Formel . . . 116   85 kg/qcm.

Der Wert der rechnungsmäßigen Drehfestigkeit ist auch hier im Vergleich zur Biegungs- und Zugfestigkeit gering. Er nähert sich den Werten, die für die Druckfestigkeit bei Beanspruchung quer zu den Jahresringen erlangt worden waren (siehe oben).

II) Holzrohr aus Pappelholz mit Leinwandzwischenlagen.

1) Biegungsversuche.

Rohr, nicht poliert, äußerer Durchmesser . . . . 4,45 cm
Wandstärke . . . . 0,47 »
Gewicht von 1 m Länge . . . . 0,45 kg
Auflagerentfernung . . . . 110 cm
Bruchbelastung (Lastangriff in der Mitte zwischen den Auflagern) 70 kg
berechnete Biegungsfestigkeit rd. . . . . 360 kg/qcm.

Ein zweites, poliertes Rohr der gleichen Herkunft lieferte bei 100 cm Auflagerentfernung: Bruchbelastung 145 kg, Biegungsfestigkeit rd. 680 kg/qcm.

2) Druckversuche.

poliertes Holzrohr der gleichen Herkunft, Durchmesser . . . 4,46 cm
Wandstärke . . . . 0,46 »
Länge des Rohres zwischen den festgestellten Druckplatten der
    Prüfmaschine (vergl. das oben bei Bambus hierüber
    Bemerkte) . . . . 100,7 »
Bruchlast P . . . . 1510 kg
Druckbeanspruchung beim Bruch rd. . . . . 260 kg/qcm
Knicklast P_0, berechnet nach der Euler-Gleichung mit $\omega = \pi^2$

    (siehe oben) und $\alpha = \dfrac{1}{100\,000}$ rd. . . . . 950 kg[2])

$P : P_0$ (Befestigungsverhältnis, siehe oben) 1,6

---

[1]) Aus ähnlichen Gründen erweist sich auch die Zugfestigkeit von kreuzweise verleimten Holzfurnieren im Vergleich mit der Zugfestigkeit von gutem, in Richtung seiner Fasern beanspruchtem Holz als gering. Für ein sehr sorgfältiges Erzeugnis wurde z. B. ermittelt: in der einen Richtung durchschnittlich rd. 400 kg/qcm, in der anderen Richtung durchschnittlich rd. 580 kg/qcm.

[2]) Ein zweiter Probekörper, bei dem die Druckkraft an einem Hebelarm von 10 cm angriff (bei Beginn des Versuches), hielt nur 168 kg. Höhe des Stabes 82 cm.

nicht poliertes Holzrohr gleicher Herkunft, äußerer Durchmesser   5,35 cm

Wandstärke . . . . 0,7 »

Höhe des Probekörpers . . . . 12,75 »

Gewicht von 1 m Länge rd. . . . . 0,6 kg

Bruchlast . . . . 3500 »

entsprechend rd. . . . . 340 kg/qcm.

Der Bruch erfolgte bei den Druckversuchen durch Abspalten und Knicken der einzelnen Streifen und Blätter, aus denen das Rohr zusammengeleimt war.

III) Rohr aus Tannenholz.

äußerer Durchmesser . . . . 3,1 cm

Wandstärke . . . . 0,3 »

Gewicht vom 1 m Länge . . . . 0,19 kg

Höhe des Probekörpers beim Druckversuch . . . . 12,4 cm

Bruchlast . . . . 875 kg

entsprechend rd. . . . . 330 kg/qcm.

Beim Bruch spalteten sich auch hier die Streifen der äußeren Lage ab, indem sie ausknickten.

Sonderabdrücke

aus der Zeitschrift des Vereines deutscher Ingenieure,

die in folgende Fachgebiete eingeordnet sind:

1. Bagger.
2. Bergbau (einschl. Förderung und Wasserhaltung).
3. Brücken- und Eisenbau (einschl. Behälter).
4. Dampfkessel (einschl. Feuerungen, Schornsteine, Vorwärmer, Überhitzer).
5. Dampfmaschinen (einschl. Abwärmekraftmaschinen, Lokomobilen).
6. Dampfturbinen.
7. Eisenbahnbetriebsmittel.
8. Eisenbahnen (einschl. Elektrische Bahnen).
9. Eisenhüttenwesen (einschl. Gießerei).
10. Elektrische Krafterzeugung und -verteilung.
11. Elektrotechnik (Theorie, Motoren usw.).
12. Fabrikanlagen und Werkstatteinrichtungen.
13. Faserstoffindustrie.
14. Gebläse (einschl. Kompressoren, Ventilatoren).
15. Gesundheitsingenieurwesen (Heizung Lüftung, Beleuchtung, Wasserversorgung und Abwässerung).
16. Hebezeuge (einschl. Aufzüge).
17. Kondensations- und Kühlanlagen.
18. Kraftwagen und Kraftboote.
19. Lager- und Ladevorrichtungen (einschl. Bagger).
20. Luftschiffahrt.
21. Maschinenteile.
22. Materialkunde.
23. Mechanik.
24. Metall- und Holzbearbeitung (Werkzeugmaschinen).
25. Pumpen (einschl. Feuerspritzen und Strahlapparate).
26. Schiffs- und Seewesen.
27. Verbrennungskraftmaschinen (einschl. Generatoren).
28. Wasserkraftmaschinen.
29. Wasserbau (einschl. Eisbrecher).
30. Meßgeräte.

Einzelbestellungen auf diese Sonderabdrücke werden **gegen Voreinsendung** des in der Zeitschrift als Fußnote zur Überschrift des betr. Aufsatzes bekannt gegebenen Betrages ausgeführt.

Vorausbestellungen auf sämtliche Sonderabdrücke der vom Besteller ausgewählten Fachgebiete können in der Weise geschehen, daß ein Betrag von etwa 5 bis 10 M eingesandt wird, bis zu dessen Erschöpfung die in Frage kommenden Aufsätze regelmäßig geliefert werden.

Zeitschriftenschau.

Vierteljahrsausgabe der in der Zeitschrift des Vereines deutscher Ingenieure erschienenen Veröffentlichungen 1898 bis 1910.
Preis bei portofreier Lieferung für den Jahrgang
3,— $\mathcal{M}$ für Mitglieder.   10,— $\mathcal{M}$ für Nichtmitglieder.

Seit Anfang 1911 werden von der Zeitschriftenschau der einzelnen Hefte einseitig bedruckte gummierte Abzüge angefertigt.
Der Jahrgang kostet
2,— $\mathcal{M}$ für Mitglieder.   4,— $\mathcal{M}$ für Nichtmitglieder.
Portozuschlag für Lieferung nach dem Ausland 50 Pfg für den Jahrgang. Bestellungen, die nur gegen vorherige Einsendung des Betrages ausgeführt werden, sind an die **Redaktion der Zeitschrift des Vereines deutscher Ingenieure, Berlin NW., Charlottenstraße 43** zu richten.

Mitgliederverzeichnis d. Vereines deutscher Ingenieure.

Preis 3,50 $\mathcal{M}$. Das Verzeichnis enthält die Adressen sämtlicher Mitglieder sowie ausführliche Angaben über die Arbeiten des Vereines.

Bezugsquellen.

Zusammengestellt aus dem Anzeigenteil der Zeitschrift des Vereines deutscher Ingenieure. Das Verzeichnis erscheint zweimal jährlich in einer Auflage von 35 bis 40000 Stück. Es enthält in deutsch, englisch, französisch, italienisch, spanisch und russisch ein alphabetisches und ein nach Fachgruppen geordnetes Adressenverzeichnis.
Das Bezugsquellenverzeichnis wird auf Wunsch kostenlos abgegeben.